美学冲击力书系

丛书主　编／陈望衡
副主编／吴志翔

闲暇是金

休闲美学谈

陈琰 编著

WUHAN UNIVERSITY PRESS
武汉大学出版社

图书在版编目(CIP)数据

闲暇是金:休闲美学谈/陈琰编著.—武汉:武汉大学出版社,2006.1
(美学冲击力书系/陈望衡主编　吴志翔副主编)
ISBN 7-307-04846-9

Ⅰ.闲…　Ⅱ.陈…　Ⅲ.闲暇社会学—研究
Ⅳ.C913.3

中国版本图书馆 CIP 数据核字(2005)第 141381 号

责任编辑:柴　艺　　责任校对:刘　欣　　版式设计:支笛

出版发行:**武汉大学出版社**　(430072　武昌　珞珈山)
(电子邮件:wdp4@whu.edu.cn 网址:www.wdp.com.cn)
印刷:华中科技大学印刷厂
开本:950×1260　1/32　印张:5.875　字数:124 千字　插页:1
版次:2006 年 1 月第 1 版　　2006 年 12 月第 2 次印刷
ISBN 7-307-04846-9/C·157　　定价:11.00 元

潘多拉盒子，或者阿拉丁神灯

——“美学冲击力书系”总序

□ 陈望衡

我们总是习惯于认为，历史是以一种平和、有序、可理解的方式在理性的堤岸之内缓慢流淌的，在这个流淌绵延的过程中，逐渐积淀起一系列的观念谱系，包括真假、善恶、美丑的诸般价值意识和感觉，它们盘踞于人们心中，往往被视为不证自明、天经地义的东西。可是有一个时候，那一条长河会变得波诡云谲，一切都显得不再可靠，原本根深蒂固的观念也被连根拔起，成为漂浮于空中、失却实在指向性的纯粹符码。堤坝似乎不复存在，那些我们以为可以据以理解这个世界、把握这个世界的概念和规范都用不上了。我们就像庄子笔下的那个河伯一样，原本看着河流浩荡“欣然自喜，以天下之美为尽在己”，可是当遭遇那一片失去了边界的大海，不得不望洋兴叹了。

现在我们就正面临着失去边界的震惊和晕眩，感受着飞速变化的现实带来的审美冲击力。这是一种类似于“shock”（休克）的感觉，因为我们仿佛只能听任种种逸出常规、超乎定见的文化现象或审美现象在那儿以自己的逻辑（如果有逻辑的话）生机勃勃地绽现，却无法加以有效地把握。美学家跟每个人一样，同样只能皱着眉头在那儿寻思：怎么这个世界越来越让人看不懂了呢？关于今天有名目繁多的指称：“E 时代”、“传媒时代”、“消费时代”、“后现代或后后现代”……还有很多人用各种各样的方式来命名：“经验断裂”、“美学生活化或生活美学化”、“审丑的时代”、“全民狂欢的年代”……我们必须真正重视当下的生活经验和生命体验，要以一种开放的心态去直接对现实境遇发言，否则所谓的美学研究只能是一种体内循环。面对当下丰富而生动的文化现实，美学家的缺席或失声是不正常的。美学家一定得有很好的胃口，有旺盛的食欲，有强大的消化能力。

在哲学史上有一个著名的“芝诺佯谬”，说阿喀琉斯在后面追赶乌龟，但无论他多么快，永远都追不上爬行缓慢的乌龟，因为他永远都只能达到乌龟“曾到过”的一个点上。这当然是一个利用逻辑自身缺陷展开的诡辩，有违于常识。哲学家们早已知道问题所在，即那跨越的一步被无限分割了，阿喀琉斯被拦在无限等分的“界”外，因为他被设定为是不能“越界”的。阿喀琉斯追不上乌龟，有点像我们今天的美学追不上生活一样。如何才能使美学捕捉住生活？其实也非常简单，那就是要敢于越界。既然生活本身已经溢出了原有理解的范畴，那么死抓住一些旧的概念无异于自设樊篱，自营囚室。我曾在一篇文章中谈到，时至今日，美学不可孤芳自赏，只是守着一堆老旧的形而上概念做文章，不应该继续抱残守缺地满足于谈论“感性”、“理性”、“形象思维”、“意境”、“形式”、“内容”等，对于流行的大众文化只是简单地抱一种拒斥态度，毕竟美学不能无涉于鲜活的个体生存状态，不能脱离迅速变换着的精神境遇。“实在与虚拟”、“想象与欲望”、“精神与身体”、“沉重与轻逸”、“缓慢与快捷”、“劳作与游戏”、“语义与现象”、“原本与复制”、“中心与边缘”这些关系也许更值得美学家们去好好地加以研究。

科技对今天美学形态和人们审美感觉的影响无疑是巨大的。速度感、空间感、时间感、形式感无一不在科技的笼罩之下被修改，美感与丑感也必定受到影响。用我曾经提出的那一组关系来描述，就是实在性减弱、虚拟性强化；想象越来越成为欲望的延伸；身体的合法性全面上扬，精神价值反倒开始染上了一点羞耻感；沉重性不再是构成审美的基本要件，而轻逸成为人们追求的一种生存姿态；缓慢的魅力已经久违，快捷成为所有人内心的渴望；劳作不是人生的主题，其美学意蕴也被剥离殆尽，游戏越来越成为一种“本真”的生存状态，即使通过这种游戏得到的仅仅是幻觉的餍足；原本不再重要，大量繁殖的复本消解着所谓原创的价值……

古代的诗人在灯下捻须吟咏，今天的人们捧着话筒对着MTV的画面抒情；从前的人们迷恋于月下清风或雨中残荷的意境，今天的人们在虚拟的空间体验着感情的跌宕起伏；从前的人们慢慢地品味艺术的滋味，今天的人们则几乎把一切当成了消费活动，并且把快感当成了美感。诗人纪伯伦说，美是温柔的低语，美与黎明一起从东方升起，美倚靠着日暮的窗户，美是秋叶的舞蹈，美是冬天的飞雪。苏东坡说，江上之清风与山间之明月，乃造物之无尽藏，耳得为声目遇成色，给人取之不尽用之不竭的美感。此等意韵悠长的古典形态之美已很难寻觅，因为频奏凯歌的科技已经穷尽了我们的想像力。

德国哲学家本雅明深刻地洞见了科技发展对美学带来的革命性影响。他认为，所谓的技术复制时代，就是从“有韵味的艺术”转变为“机械复制的艺术”，从艺术的“膜拜价值”转向“展示价值”，从“美的艺术”转变为“后审美的艺术”，从“对艺术的凝神专注”转向“消遣性接受”。像在今天给人们感官带来更强烈冲击力的电子技术、网络技术等，也都可以被涵盖在“技术复制”这一个统称之内。我们注意到，“韵味”（aura）的丧失成为今天人们生活中的基本特征之一，尽管在科技的助推下，“美”似乎无处不在。审美活动原本是具有原位性、即时即地性、独一无二性的，但是科技强调的是可展示性、可展览性，其实也就是一种可消费性。其结果就是如阿尔都塞·赫胥黎所说，技术进步导致了庸俗化。在今天，渣滓的生产比以前任何时候都要多。当然，这是一种相对保守的判断，因为毕竟，传统精英式的美的创造和欣赏只是少数人的特权，对于执著于美学经典形态的人来说，他们怀着一种对“韵味”的依恋无可厚非，但并不见得可以因此拥有价值评判上的优越感，“旧时王谢堂前燕，飞入寻常百姓家”，这种自上而下、从膜拜到展示、由精英至大众的变迁是无可逃避的，这几乎就是一种宿命。

在这一过程中科技像是一个“潘多拉盒子”，一旦打开，既会跳出美丽的天使，也会放出邪恶的魔鬼。科技又像是一盏“阿拉丁神灯”，一旦拥有，就会帮助人类实现自己的愿望，但是这究竟算一个美好的期许，还是对于欲望的刺激和放纵？科技帮助人类消除了在世的“异乡感”，使得审美活动成为可能，但同时人自身是否也正在经历一种异化，即失去了体贴世界的那种“亲在感”？在日趋发达的科技影响下，美的形态和美的感觉正在发生革命性的裂变。

科技的入口事实上就是生活世界的入口，因为科技的本能就是要覆盖、介入、占有生活的机体。生活美学化是科技进步的一个必然效应。在这里我们暂时搁置有关生活美学化的价值评判，无论说它好还是不好（也许并不存在简洁明了的好坏问题），它都是一个越来越显豁的文化事实。从我们的眼光来看，一个“泛美学主义”的时代是确实存在的。众所周知，大众文化已然成为一个庞然大物。我们在这里也不想谈论大众文化产业的生产与消费逻辑，而只想追究这一以惊人的速度膨胀并且成功广揽人心的生活和文化形态，其内在的美学元素是什么，它们以什么样的方式在嬗变，大众生活和大众文化颠覆了什么，消解了什么，承继了什么，创造了什么？现实生活中许多尚无法被命名的美学现象，是美的敞开还是遮蔽？在泛审美的共同体中，人是更亲密了还是更孤独了？等等。

为了回答这些问题，我们推出这一套《美学冲击力书系》，组织一批既关注现实文化生态又有相当理论功底的作者，分别撰写了以传媒、网络、山水、休闲、居室、美容等为主题的美学著作。值得一提的是，在这些书里，美不是作为一个理念或对象而存在，而是作为一种仍然在生长着、不断扩张、与个体生命相互交融的生活经验得到确认和把握，美学也不是作为精神的独裁者而高高在上，它更像是眼下纷乱生活海流中一个灵活警觉的向导。通过这个向导，我们也许可以在当前浩渺莫测的文化大海上，开辟一条“理解”的航线，发现那个“意义新大陆”的边缘。

我们被大众传媒所包围，我们的感性被传媒所塑造和修饰。传媒的力量如此巨大，谁也不敢小看。这是一块兵家必争之地，一块符号攻守之地，一块价值交锋最激烈之地，一块意识形态与意象形态并行之地，一块商家和大众以娱乐的面目达成妥协之地。同时这里也是一块诱惑和禁忌并存的雷区，一块天使与魔鬼下棋的纹枰，一块万象纷呈而少有人加以清理的杂草丛生之地。我们在图像里消费。我们在广告里陶醉。我们在影视里流泪。我们在手机里恋爱。我们在节目里狂欢。传媒是主导人们价值观的霸主，是人体和心智的延伸，呈现出一种天花乱坠之美——故有《肆虐的狂欢——传媒美学谈》。

人与自然越疏离，便越是渴望与自然山水的亲近。在人文的视野里，自然山水之美的地位重新得到尊崇。人与山水的往还，是一次调适身心的审美活动，有种美学的惊奇只有在旅游中、在与山水打照面时才能感觉到。“杏花春雨江南”是一种柔和情韵，“骏马西风冀北”也别有冷峻风味。在山水中我们跳出了自己与外界晨昏相亲的惯性的惰性，努力去寻找另外的“眼神”，别样的“妩媚”。把自己的整个身心交出去，直接与山水晤谈，使自己的全部感官向天地开放，并且接受自然的赠礼，养成胸襟，培育情怀。在自然中实现自由，把山水当成了朋友——故有《交游风月——山水美学谈》。

人生两件事，一为劳作，一为休闲。不劳作，即是休闲，但"休闲"从来没有像今天这般成为一件郑重之事。时代在加速，人生的旅程也仿佛越来越快，人们都拼命往前赶，悖谬之处就在于，加快步伐是为了能够有一天可以慢下来"休"，努力挣钱是为了有一天可以堂而皇之地"闲"。休闲是什么？是一个产业，是一个节目，是一次公关。对很多人来说，休闲是一种有目的的消费活动，越来越多的人进入"忙着休闲"的尴尬状态。未被异化的"休闲"是怎样的？怎样才能优雅地生存？"休闲"二字意味深长——故有《闲暇是金——休闲美学谈》。

人类最初是穴居的动物，今天越来越追求"生活品质"、越来越强调物性享受的人们，更加需要一个安身立命之所。身处荒野需要一片遮挡烈日的荫凉，寒意袭人时需要一个遮风避雨的小窝。美好的自然环境、优雅的庭园环境、舒适的室内环境，成为人们评估自身或他人生活状态的重要参数。居室内外的环境，既是一个技术问题，更是一个美学问题——故有《温馨的家园——居住美学谈》。

生活如同万花筒，五光十色，除了以上说的以外，网络与美容在我们的生活中也日益充当重要的角色，我们即将推出的还有网络美学与美容之道等著作。

著名哲学家成中英教授认为，本体在诠释中显现，真理就是真理的直接陈述。对任何新生的经验来说，都有一个从无序到有序、从个人体验到公共规范的过程，标准不是圣人一手裁定的，而是逐渐生成、不断涌现出来的。累积起来的经验得到把握以后，也就融入到了传统之中。的确，经验是值得重视的，正是生生不息的经验之流使得人们对于“美”的理解不断深入和丰富起来。原有的审美标准被解构了，但新经验的融合和聚合必定会重构出新的价值标准，培育出新的审美感官，创生出新的生存理解。从这个意义上说，“美”的确是语用化的，我们完全可以暂时搁置形而上之思，在传媒、网络、山水、休闲、居室、美容这些“形而下”的经验现象中窥见“道”的显现。

美总是在具体的境遇中敞开。就让我们在与美迎面相逢或擦肩而过的现实境遇里，“析万物之理，判天地之美”。

目　录

适性逍遥篇

亲近自然篇

回归生活篇

前言：寻找精神的家园

人是有家园的居住者。在《回家》那优美甜蜜的萨克斯风中，在《我想有个家》那发自肺腑的深情歌声里，音乐淋漓尽致地表达了人对其所居住的家园的无限眷念。眷念既是对于曾有的家园的怀念，也有对于将来的家园的期待。而那种无家可归的情绪，则在我们的心灵深处凝结成为一种乡愁。乡愁是忧伤，就像齐豫《橄榄树》里远方的故乡，乡愁是一唱三叹的哀歌，犹如余光中《乡愁》中那一道浅浅的海峡。乡愁蕴涵着人与家园的深刻关联。

在汉语语境里，“家园”一词不仅与住

宅和家庭相关，而且与家乡和田园相关。但是住宅和家庭、家乡和田园，都还不是家园最本质的意义。真正的家园是人的所来之处，所在之处和所要去之处。家园不在浪漫的远方，也不在彼岸的天堂，它就是我们生活于其中的这个世界。由此，家园的意义就是生活世界的敞开，而它所敞开的就是生活的快乐。在我们所生活的欢乐的家园里，有人与自然的和谐相处，有人与人之间的相互关爱，有劳动的艰辛，也有精神的充实。

然而，在这个物质生活越来越丰富的时代里，人们却正在承担着无家可归的命运。他们不曾失去了住宅和家庭、家乡和田园，但是他们正在失去它可能展现出来的那个充满欢乐和富有意义的生活世界。而虚无主义、欲望主义的流行正是无家可归的命运最典型的表现。

虚无主义并不否定人和世界的存在，而是否认人和世界存在的意义。在虚无主义者看来，对生活意义和目的的追问已经是不合时宜、贻笑大方的一件事情。在一个没有目的的生活世界里，他们看不到任何远景，任何希望，更不用说崇高的真善美的信念了。除了茫然，就是无聊，就是空白，就是空白背后来来去去、生生灭灭的欲望和感觉，所谓的跟着感觉走。因此，在虚无主义的旗帜下面，站立着的是一个大写的欲望的人。

这里所说的欲望虽然总是人的欲望，但它是一个非理性的人的形象。这个非理性的人的形象常常僭越自己的边界，使得欲望的主体摇身一变而成为一个异己的他者。在这个感性泛滥的时代里，财富的满足，权力和名声的渴求，充分地展示着欲望的大化流行和人的存在的蜕变。欲望的大化流行表明它自身始终是一无底的深渊，于是人的每一次欲求的实现事实上都不是人的胜利，而不过是欲望自身通过人这一独特的工具对自身的表达而已。于是，我们就像是社会这台高速运转的大机器上的一个齿轮和螺丝钉，我们为了自身欲望的满足而拼命工作，结果却把我们自己自觉地造就成为一个异化了的欲望机器。

人不能仅仅在欲望的世界里生活，我们还要在更高的精神世界中生存，这是人的命运，也是人的尊严。但是，且不说我们是否拥有用艺术、文学、道德和宗教等追求充实起来的伟大的精神目标，只要我们稍微留意一下四周忙忙碌碌的人们，在一年365天中，是否真正用心去观赏过身边的一朵花，坐看过天边的一片云和凝视过夜幕之中的一颗星？很多这样的细节是让生活充满情趣所必需的，它虽平凡却创造和充实了生活的精彩。但是就连这样一些生活中的细节的美，对不少人来说似乎正在变得越来越陌生。我们或许是没有时间来领会，但也许是根本就不屑于这些微不足道的细节。我们已经醉心于物化的世界，甚至把人的尊严也一起交与了这个物化的世界，任由它把我们塑造成一个单向度的人甚至堕落的人。

一个真正完整的人的存在，应该是他感性本质的全面丰富和完善。正如美国人本主义的心理学家马斯洛所分析的那样，人是一个有机的需要系统。生理的满足是人的最基本的需求，是人得以生存的基础，但不是人活着的全部。人性不能局限于生存层次上的食欲、性欲和财富等的满足，我们还应该看到，人拥有人类所特有的、超越性的生存和热情。因此，对于一个完整的人来说，自我的实现才是他的最终需求。自我实现是人的潜能的全面实现，它不受任何外在物质力量和精神力量的压迫，它是人的自发性和能动性的体现，也即是人用他的全部的感官、激情、愿望和思维等全面地去创造和享受他的生活世界。而自我实现所获得的当下经验，就是人生的最大快乐。比如诗人完成一首好诗，厨师烹调一道佳肴……在那成功的时刻里，他们沉浸在纯净而完善的幸福体验之中。

人的感性本质的全面丰富和完善作为人的自我实现，它敞开了人生活于其中的一个生活世界，这个世界就是我们通常所说的精神家园。精神家园并不神秘，也非遥不可及，它就是我们每一个人亲身经历着的，不可替代的独特的生活经验，它是个体的，有差异的，多元的，同时应当是高雅的。但是在生活节奏不断加快的今天，惟有休闲才是敞开精神生活最大限度的本原之地。正是在这样的意义上，休闲建构了我们美丽的精神家园。

真正的休闲是一种优雅的审美生存方式。作为一种审美的生存方式，它要求我们对生活首先要有一种审美的态度。真正要把休闲提升为一种有意义的生活，审美的态度是至关重要的。这就是说，我们不要总是把生活局限在纯粹狭隘的物质实用主义范围之内，而是要在暂时的闲暇之中把功利心态悬挂起来，存而不论，用一种超越功利的眼光审视我们的生活。林语堂先生曾说："悠闲生活并不是富有者和成功者独享的权利，而是一种宽怀心理的产物……这种心情是由一种达观的意识产生。享受悠闲的生活是不需要金钱的，有钱的人也不一定能真正领略悠闲生活的乐趣，只有那些轻视钱财的人才真正懂得此中的乐趣，他必须是有丰富的心灵，爱好简朴的生活，对于生财之道不放在心头。"只有有了这样一种眼光，忙忙碌碌或者平淡无聊的灰色生活才可能明亮起来。但是，一种审美的态度，它只是获得休闲生活的前提，并不就是休闲生活本身。休闲作为一种审美的生存方式，它的另外一层要义就是要求我们去自由地创造。休闲是一种生活的自由，准确地说是一种积极选择的自由行动。休闲不是游手好闲的消极生活，在休闲中，一个人具有选择多种个性化生活的可能性。清人张潮在《幽梦影》中说："人莫乐于闲，非无所事事之谓也。闲则能读书，闲则能游名胜，闲则能交益友，闲则能饮酒，闲则能著书。天下之乐，孰大于是?"自主性的选择往往意味着人们可以实现更个性化的生活，可以充分发展自己的潜能、兴趣、爱好和志向，可以如己所愿地去生存。所以，休闲的创造也意味着在闲暇时间里，一个人用他的整个身心去和周遭的世界相交往而不仅仅是静观。交往作为一种交流，它总是一种对话。在交往中，我们可以和人对话，可以和书对话，可以与近在身边的一棵小草对话，也可以与远在天边的一片朝霞对话……在与万物的对话过程中，一个全新的生活世界生成了，一个全新的自我同时就在这个世界中站立起来。由于人与其所生活的世界的共同生成，所以才有人与自然的和谐相处、人与人之间的相互关爱，才有劳动的快乐和精神上的充实。

因此，休闲不是远离工作的短暂间歇，尽管我们在这些间歇中为重新投入工作得到了休息和恢复了精力。休闲与消遣和娱乐也毫不相干，消遣和娱乐并不是真正的幸福和愉快的源泉。真正的休闲是以一种审美的态度对生活的雕琢。作为一种审美的生存方式，休闲是我们美丽的精神家园，这是因为在对生活的雕琢和自由的创造中，我们惊奇地发现，当我们扔掉种种心灵的枷锁，就在平淡无奇的日常生活里面，还有一个宁静、和谐、从容、欢乐的世界足以安顿我们疲惫、浮躁和盲目的心灵。

亚里士多德认为，休闲才是一切事物环绕的中心。人生的忙碌最终是为了有休闲，休闲是人生的目的。休闲为我们提供内心世界的平和、宁静和一种超越的生存姿态，它是人类最理想的生存状态和应该享受到的最完美的幸福。我们需要高尚的美德去工作，同样需要高雅的情趣去休闲。休闲可以使我们获得富有意义的生活，让我们珍惜休闲、善待休闲吧！

闲情雅致篇

一、情与乐的共融

音乐是人类的灵魂，动物和植物等自然性的存在物没有音乐可言，音乐只为人类而存在。音乐也是人类最为古老的艺术。宗白华先生说：“音乐是人类最亲密的东西，人有口有喉，自己会吹奏歌唱；有手可以敲打、弹拨乐器；有身体动作可以舞蹈。音乐这门艺术可以备于人的一身，无待外求。所以在人群生活中发展得最早，在生活里的势力和影响也最大。”我们甚至可以这样推论，在人类诞生之初，音乐就可能已经随之而诞生了。人类的口和喉所发出来的声音作为独特的言说，有别于自然界的任何一种声响，也不同于任何动物本能的咆哮或呻吟。卢梭说语言的背后是激情，人类开口所说的第一个词或第一句话，是激情汹涌的喷发，是人类诞生的第一首诗、第一曲歌。

“诗者，志之所之也，在心为志，发言为诗。情动于中而形于言，言之不足故嗟叹之，嗟叹之不足故永歌之，永歌之不足，不知手之舞之，足之蹈之。”汉代《毛诗序》生动地说明了音乐在其诞生之初混杂于歌、诗和舞三位一体之中的那种原始关系。在早期原始社会中，生存于丛林中的人类不可能像今天这样有专职的歌手和音乐家，也不可能有专职的舞蹈者，原始歌舞一般都是集体的、群众性的活动。在庆贺劳动收获或是战斗胜利的时候，激情高昂的全体氏族成员通常是随手拿起常用的工具或胜利品，蒙上猎获物的皮角即兴地舞起来、唱起来。原始的歌舞音乐，大多充满了自发性的强烈情感，因而也带有一种欢快迷狂的色彩。在原始的巫术和祭祀活动中，通神的巫师也会即兴地又跳又唱。所以，原始乐舞不仅娱人，同时也有娱神的功能。正如《尚书·尧典》所记载的，“八音克谐，无相夺伦，神人以和”。随着人类历史的发展，那些原始的乐舞早已成为古老的记忆，但是人类灵魂中的那份音乐情怀则历史性地积淀下来，成为世世代代的人们表达情感和慰藉心灵的一种方式。

事实表明，日常生活中的人们，常常自觉不自觉地高歌或低吟着生活世界的快乐或者悲伤，自觉不自觉地陶醉在各种不同风格的音乐情调里。劳者歌其事，饥者歌其食。人类离不开音乐，因为音乐是生活世界不可或缺的元素，音乐是生活世界的情感的升华。音乐植根于生活世界的土壤，一如原始乐舞发端于战争、祭祀和劳作等各种现实的实践活动。《乐记》一开头就讲：“凡音之起，由人心生也，人心之动，物使之然也。感于物而动，故形于声。声相应，故生变；变成方，谓之音。比音而乐之，及干戚、羽旄，谓之乐。乐者，音之所由生也，其本在人心之感于物也。”音乐的产生，都是情动于中的感物而发。《乐记》讲的所感之物，既是自然性的事物又是社会性的事情。自然万物的生灭变迁，极易触动人的心灵。春天万物生机勃勃带来复苏的欢欣有如病后重生的喜悦，而秋冬之际大自然的萧瑟境况难免令人心生悲情。喜柔条于芳春，悲落叶于劲秋，是人之常情。而社会历史的盛衰和个体人生的幸与不幸的遭遇，更是直接牵动人的内在灵魂。总之，音乐所表达的是对自然、社会历史和个体人生的种种情感遭遇。这些情感的遭遇作为人的生活世界的情感，它是具体的、丰富多彩的。情感的具体丰富性，决定了音乐风格的多样性和差异性。于是《乐记》又说：“是故其哀心感者，其声噍以杀；其乐心感者，其声啴以缓；其喜心感者，其声发以散；其怒心感者，其声粗以厉；其敬心感者，其声直以廉；其爱心感者，其声和以柔。”哀、乐、喜、怒、敬、爱，这六者都是人心感于物而后产生的情感。六种情感不同，表现在音乐当中也就形成各种风格有别的音乐。

音乐与现实生活中的自然、社会历史以及个体人生遭遇的密切关系表明，音乐艺术具有强烈的抒情性。弗德雷里克·柏辽兹说：“音乐是心灵的迸发。它不像化学那样能进行实验分析。对伟大的音乐来说只有一种真正的特性，那就是感情。”从情感土壤里生发出来的音乐，当它还没有被僵化的思想凝固的时候，就已经在我们心灵中飞翔。著名的作曲家、钢琴家和指挥家李斯特说：“音乐却从不歪曲我们的情感——它从不欺骗我们的感情。”音乐既表达了感情的内容，又表达了感情的强度；它是具体化的、可以感觉得到的我们心灵的实质。除了音乐以外，任何艺术品种都不能如此无可名状和如此深刻地渗透到人们的感情、体验和情绪的领域。音乐充实了我们的心灵，犹如空气一样渗入我们的内心。

在音乐自由自在、充满温暖力量的感情激流中，我们得以从日常生活的焦虑、空虚和平淡中解脱出来，我们的思想重负得到暂时的解脱。那么，音乐所表达的情感何以能如此强烈地触动人的心灵？这是因为音乐艺术所表达的不是日常生活世界的情感而是具体而深刻的、普遍性的内心体验。日常生活世界的情感既粗野又放任，往往还夹杂着欲望的功利色彩，这种不纯粹不自由的情感，就是日常语言中常说的“情欲”。音乐艺术的情感是审美的情感，超越的心灵把欲望纠结的日常生活情感升华、提炼为纯粹自由的体验。黑格尔说，在生活中，情感的自然呼声，例如惊恐的号叫，哀伤的呻吟或者狂喜极乐的欢呼等已经很有表现力，但是这些声音只是音乐的出发点而不是音乐本身。音乐把内心深处的哀乐情绪流露于声音，在这种流露里必须缓和情感的自然烈性，必须把自然表现的粗野和放荡不羁清除掉，因为音乐是灵魂的语言。在此意义上，音乐家瓦格纳也说：“音乐所表现的东西是永恒的、无限的和理想的；它表现的不是某人在某种状态下的激情、爱欲、郁闷，而是激情本身、爱欲本身和郁闷本身。”在音乐中表达的这激情本身、爱欲本身和郁闷本身具有某种普遍性的精神内涵，这种普遍性的精神内涵就是音乐所表现的具体化了的审美理念即审美理想。所以，如果一首乐曲绝大多数人都认为它听起来旋律优美、可以净化人的心灵，那么在这首乐曲中，一定存在有让绝大多数欣赏者倾心的东西，这种倾心的东西就是他们做出美与不美的判断的标准和依据。我们熟悉的《二泉映月》作为一首极为经典的二胡曲，那哀婉、悲愤、凄清的旋律常常触动人的一种内在愁思，特别是在夜深人静的时候，婉转的胡琴声把那种悲凉演绎得如夜色一样深沉。虽然乐曲本身是对阿炳先生自己不幸人生遭遇的诉说，但是那诉说好像在蓦然间勾起了每一个人对生命中那些早已远去的美好事情的回忆。那逝去的是弥足珍贵的，久已淡忘了的东西一旦涌上心头，我们就会情不自禁地渴望再次拥有。而当我们试着要努力去捕捉它的时候，却又一再被那些艰难踯躅的步履所打断，一切似乎已经是那样遥不可及。于是，《二泉映月》不仅寄寓着作者对人生不幸和社会不平的激愤，更是对人的一种存在命运的揭示，它向热爱生命的每一个人显示了存在的悲剧性，这种悲剧性的实质是个体生命的孤独感。孤独意味着分离，独自承担命运的痛苦。一个人的成长意味着告别母亲的乳汁，因为不依靠自己的双脚行走在大地之上，我们永远是母亲怀抱中长不大的孩子。于是独立的个体人格、孤独和痛苦几乎是相伴而生。所以，个体的人在他不幸的人生遭遇中所遭遇的恰恰是生命的实质，是命运的孤独感。如果说孤独意味着分离，独自承担命运的痛苦，那么欢乐意味着聚集，犹如久别的重逢。远行的游子总是遥望着母亲，细数返乡的日子，因为儿时怀抱中的温暖在远行中早已沉淀为心灵深处的情结。对于怀抱的温暖记忆，对欢乐聚集的渴望，揭示出个体生命对孤独本性的一种抗拒。但是现实中的母亲已经苍老，乳汁早已干涸。返乡已回不到自然的源头，它是带着差异的团聚。于是，这种抗拒不仅不能解决反而加深了对生命孤独本性的体验。因为那逝去的永远逝去，决不会再来。《二泉映月》的哀婉、悲愤、凄清的旋律所触动人的那种内在的愁思，当然同时也内在地包含有对个体生命存在的孤独的抗拒。所抗拒的是孤独的现实，抗拒所为的是对欢乐的渴求。这种孤独的现实和对欢乐的渴望相纠结的灵魂挣扎，是人存在命运的悲剧性的深化。日本著名的指挥家小泽征尔在指挥《二泉映月》的演奏时曾泪流满面地说过，这样的音乐只能跪着来听。可见那种属于灵魂挣扎的精神结构的展示，跨越了时间、地域和种族的限制，足以打动热爱生命的每一颗心灵。

有人说音乐所表达的情感是抽象的，它让人有所感觉却又总是令人难以捉摸。但是音乐表达的情感的抽象总是某种生活情感的升华，因此它是具体化了的抽象，并没有人们一般所说的那种抽象的朦胧感。即使是那些神秘的音乐，都是具体化的生活经验或人生理想。黑格尔曾经指出，体现在音乐旋律中的痛苦、喜悦和希求之类的情感，只有在涉及具体的内容和特殊个别的关系和情境时，才会变得有情调。音乐所要处理的不是单纯的抽象的内心生活，而是由具体内容充实起来的内心生活，这种具体内容是和具体的情感密切结合在一起的。因此，音乐所表达的超越性的情感是自由、个性、具体化的生活世界的情感，在此意义上，音乐成了人们精神生活中的知音和朋友。音乐以它的抒情性激起了人们的感情波澜，它以强大的艺术感染力渗透到人们的感情领域中去，使人们产生一种不可名状、不能言传却又真实具体的心灵震颤。

既然音乐是抒情的艺术，那么音乐的欣赏就是内在情感的对象化。情感的对象化就是设身处地地体验音乐所表达的情感意义。情感的对象化要求我们首先应该具有音乐欣赏的能力。一首不能唤起我们情感的音乐决不是好的音乐，同样，如果我们自身没有音乐欣赏的能力，即使是世界上最美的音乐我们也听不见。正如马克思所讲的，“欣赏音乐，需要有辨别音律的耳朵，对于不辨音乐的耳朵说来，最美的音乐也毫无意义”。对于普通的音乐爱好者来说，音乐欣赏能力的培养只能来源于音乐欣赏的实践训练和加强对生活世界中的各种情感的感知和理解。据典籍记载，“伯牙学琴于成连先生，三年不成，至于精神寂寞，情之专一，尚未能也。成连言：‘吾师方子春今在东海中，能移人情。’乃与伯牙偕往。至蓬莱山，留伯牙宿，曰：‘子居习之，吾将迎师。’刺船而去，旬时不返。伯牙近望无人，但闻海水洞滑崩澌之声，山林冥，群鸟悲号，怆然叹曰：‘先生将移我情！’乃援琴而歌，曲成，成连刺船迎之而返。伯牙之琴，遂妙天下”。伯牙之琴之所以妙绝天下，是与伯牙对琴技的刻苦训练和对当下生活境遇的深刻感悟密切相关的，正是刻苦的训练和对生活境遇的深刻感悟最终促成了伯牙对琴韵大道的理解和把握。

音乐欣赏的主体能力的培养，是音乐欣赏的前提。而音乐欣赏的具体活动，则体现为一个由浅入深的复杂过程。一般说来，音乐欣赏大致可分为三个层次。首先是耳听的层次，耳听就是对音乐的表现形式即旋律、节奏、和声等的直观感知。优美的音乐常常直接打动我们的感官，耳听所追求的正是这种感官的欢愉即听觉的和谐感，这种感官的欢愉在日常语言中又被称为“悦耳动听”。耳听的快感可能潜在地具有，但是它并不自觉地追求音乐的情感意义和理性内涵，它强调的是音乐的娱乐性。所以有这样的说法：因为我听不懂，所以我快乐。应该说，音乐之所以吸引人，特别是流行歌曲有那么多的爱好者，是与音乐的娱乐性、强烈的节奏感和动人的旋律感分不开的。感官的直接把握具有鲜活、切实的个体美感的特性，它真实而充满活力。对音乐的感官把握，不失为休闲的有效方式，因为它不太费脑筋，又有消除疲倦、解脱烦恼的功效。但是，对于音乐的这样一种感知常常是片面的、模糊的，甚至是肤浅、杂乱的，它的随意性和偶然性常常令音乐欣赏的美感产生一种偏离审美常规的盲目性。因此，止步于感官的直接把握，最终会堵塞我们通向音乐艺术的心灵之路。

对音乐欣赏的深刻感受，离不开对音乐的情感意义和理性内涵的自觉追求。马克思说：“只有理解了的东西，我们才能更深刻地感受它。”人们一旦在欣赏音乐的过程中提高欣赏的水平、修养和能力，就有可能进入到音乐欣赏的第二层次即心听。纯粹感性的声音运动激发音乐欣赏主体的审美情感，而这种审美情感又迅速地催生想象，启发理智，于是情感、想象、理智又反过来与声音形象相互交融，从而创造出蕴含某种意义的全新音乐形象。心听正是在感官把握的基础之上，对音乐作品的情感意义和理性内涵的自觉理解。理解意味着再创造，音乐作品只有在理解的过程中才能获得意义、价值和审美的魅力。被理解了的音乐不仅是悦耳的，而且是充满感情的。在深刻理解的基础上，你对音乐有了新的感受和体会，你感到音乐实在太伟大了，它以巨大的激情冲击你的心，你被感动、被激怒，你快乐得想笑，也悲伤得想哭。你甚至会情不自禁地完全沉醉在音乐所带来的那些前所未有的情感体验活动里而忘了自己的存在，就像黑格尔所说的那样，“音乐凭声音的运动直接渗透到一切心灵运动的内在的发源地。音乐占领意识，使意识不再和一种对象对立着，意识既然这样丧失了自由，就被卷到声音的急流里去，让它卷着走”。

对音乐的欣赏是永无止境的，特别是那些经典性的音乐作品，蕴藏着丰富的历史、社会、人生的深刻感悟，这些感悟在人的灵魂中凝结成为一种精神的境界，因此，音乐欣赏的最高层次就是灵境的启示。叔本华说：“音乐是人们在形而上学中不自觉的练习，在练习中本人不知道自己是在搞哲学。”而贝多芬则说：“音乐是比一切智慧、一切哲学更高的启示，谁能渗透我音乐的意义，便能超脱寻常人无以自拔的苦难。”在音乐欣赏的最高层次上，人们对音乐的感觉就不再仅仅满足于抒情优美的旋律，娓娓动听的情调。有些音乐听起来就反而显得粗狂、冷酷，如贝多芬的《命运交响曲》那种要扼住命运的咽喉的激越，更不用说那些重金属摇滚乐的狂乱刺耳了。但是，当你在欣赏这样的音乐时你的灵魂反而可能会得到纯化和提升，得到力量的充实和鼓舞。伟大的作曲家巴赫、莫扎特等创作出的那些伟大不朽的乐曲，它们所包含的深刻的哲理数百年来鼓舞和伴随着人们对真善美孜孜不倦的追求，使人类的精神生活得到培育和滋润。因此，音乐欣赏中的灵境的启示，往往表现为一种理性的感悟。在摇滚的激情中，你抓住了人的否定和超越性的酒神精神；在抒情音乐的和谐宁静中，你看到了人们对完美人性的向往；在中国古典音乐深沉辽阔的意境中，你获得了大乐与天地同和的陶醉；即使对于那些你可能深恶痛绝的流行音乐，你也会因体会到情感世界的五彩缤纷而宽容它的倾诉和呢喃。

感官的直接把握、音乐意义的自觉理解和最高灵境的理性感悟这三个层次只是一种逻辑的划分，在具体的音乐欣赏活动中，它们是作为一个整体的深化过程。只有在这种整体性的把握中，音乐真正成为了一种风格多样的美的艺术。雄伟壮丽的交响乐，给人以崇高的美感。肃穆凝重的宗教音乐，则使人感到一种庄严的美感。乡村音乐的淳朴、蓝调的忧伤、古典音乐的高雅、流行音乐的轻松自在、纯音乐如《仙境》、《神秘园》、《谜》等作品的浪漫和迷醉……音乐的美感是多种多样、色彩纷呈的。

叔本华说："世界在音乐中得到了完整的再现和表达。它是各种艺术当中第一位的、帝王式的艺术，能够成为音乐那样，则是一切艺术的目的。"黑格尔说："不爱音乐不配做人。虽然爱音乐，也只能称半个人。只有对音乐倾倒的人，才可完全称做人。"哲人们的认识未必都是真知灼见，但是音乐在艺术和人的生活中的地位的确非同寻常。圣桑在《和声与旋律》中说："音乐不是生理满足的工具，音乐是人的精神的最精致的产物之一。人在其智慧深处有一种独特的隐秘的感觉，即美的感觉。借助于它，人能领悟艺术。而音乐就是能迫使这种感觉振动的手段之一。"海涅说："语言停止的地方，才是音乐的开始。"用心去倾听音乐吧，音乐培育人的激情，也陶冶人的心灵，音乐给人以美的享受。当你休息时，音乐给你舒适；

当你拼搏时，音乐给你支持；当你软弱时，音乐给你力量；当你忧伤时，音乐给你慰藉；当你无聊时，音乐是你自由驰骋的天地，是你心灵的家园。

二、电与声的震撼

1911年，意大利诗人卡努杜首次指出，电影融合了诗、音乐、舞蹈、绘画、雕塑、建筑等六种艺术元素，变成了一门崭新的艺术——第七艺术。当人们普遍意识到电影是一门艺术的时候，便再也离不开它了。没有电影的生活显得单调沉闷，没有电影的人生似乎若有所失。整个20世纪以来，一代又一代的观众聚集在银幕之前，一批又一批的影迷陶醉在电影的世界之中。

回想在过去的农村，露天电影给人们带来了多么大的乐趣。一旦有电影放映的时候，各个村子里的人会相互传递消息并热切地等待着放映日子的到来，而孩子们则更是激动不已，犹如节日的来临。村子里放电影，大多是选择一块较为开阔的打麦场，用两根竹竿把一块幕布挑在上面。太阳还没有落山，孩子们便抱着、提着各种各样的小凳子来占位置，女人们拿了鞋垫，边做活便拉家常，男人们则围在一起打扑克或下象棋。天渐渐黑了，放映机与银幕开始调整角度，这是孩子们最盼望的时刻，他们兴高采烈地一起追逐着光影，用手比划着老鹰、兔子和狗等动物的形象。这些形象被放大在银幕上，大胆的孩子还学着为自己所模拟的动物配音。看露天电影的最佳时节是夏天，凉风习习、繁星点点，人们安静地坐在银幕前面，电影中的故事和各种不同的人生遭遇让他们既感到迷惑又充满惊奇。为了满足看电影的热情，无论何时，人们都乐此不疲地向往着能赶上每一场电影的放映。

今天，随着生活质量的不断提高与科技水平的飞速发展，出现了许多采用国际先进数码音响设备，装修豪华，座椅舒适，环境幽雅的高档影院。各种层次不同的影院都具有浓郁的文化休闲氛围，人们能够在这里尽情地欣赏来自世界各地的各类电影，既感受美的视听享受，又体验人生百态、了解异质文明。

近几年来，家庭影院逐渐走进人们的生活，于是艺术的世界和现实的人生更是紧密地交融起来。人们辛辛苦苦忙碌一天以后，在属于自己的一方小天地里，各取所需，各择所好，品味影片中主人公的喜怒哀乐、悲欢离合，也回味现实生活中的甜蜜辛酸、人生百味。

无论人们以何种方式、何种态度来观看电影，电影备受人们的青睐却是不争的事实。据统计，英国人平均每天要看四个小时电视，美国、日本、德国和法国的居民也要看三个小时左右，其中一半的时间都是在电视上看电影。在当今的日常生活中，看电影仍然是我们最喜欢和经常进行的休闲活动之一。

问及喜欢看电影的原因，人们认为电影要么能使幻想得以满足，要么能使情感得以宣泄，要么纯属娱乐而已……凡此种种，不一而足。即便如此，电影为何能成为我们重要的休闲方式？

生活的经验告诉我们，理想的生活总是显得那么完美，而现实生活常常是充满了许多缺憾。一旦人们所向往的东西不能得到，人们在奋斗中往往会感到精神疲惫或者心烦意乱，于是就转而寻求一种替代性的满足，看电影就是替代性满足的主要方式之一。电影工作者专门为人们编织了一些美的梦想，借助于完美的银海世界来帮助人们弥补现实生活中的种种缺憾，使得人们能够舒心怡情，陶冶精神。正是因为电影能给人带来神奇梦幻般的替代性满足，好莱坞这个世界上最大的电影生产基地，就被人们称为“梦工厂”。

电影给人编织的美梦当首推爱情之梦。来自生活的重压使人们的情感世界越来越复杂，对于现实情感的不可捉摸就更促进了人们对于纯粹情感的迷恋与追求。爱情电影以精心设计的故事来提高爱情的纯度，这份高纯度的爱情震撼着人们的心灵，也满足了人们对于那份纯粹的情爱的渴望与痴迷。《罗马假日》中，主人公相爱了，虽然在一起只有短短的一天，但是他们那欲说还休、回味无穷的爱情是那么的纯净，透明得连清泉都逊色，竟让人有一丝丝心疼的感觉。这份纯净透明的情感，这个水样的清澈女子，浓缩了人世间一切美好的感情。前些日子，奥地利作家茨威格的小说《一个陌生女人的来信》被搬上了中国银幕，在一种异国情调与东方韵味共存的背景中，凸现出“我爱你，但与你无关”的爱情宣言。爱一个人意味着不去计较得失、不去缠绵、不去纠葛，这自有一种自由独立的豁达与风采。埋藏爱情与珍惜爱情不是矛盾的，爱情可以是一个人的事情，也可以没有具体的冲突和起承转合。彻底的情感投入，成就了一份刻骨铭心的爱情。但是这份彻底的情感投入、这份完全的情感隐忍，现实生活中的绝大多数人是做不到、也承受不了的，只能在电影中去向往、缅怀与感伤。改编自李碧华同名小说的《胭脂扣》，也是关于爱情的。这部哀怨缠绵的电影自然流畅地演绎了青楼女子如花与富家公子十二少的凄婉恋情。在甜蜜幸福的两情相悦、山盟海誓以及万般无奈的相拥而死之后，十二少骗取了重生。人们被十二少并没有死这一情节所触动，为什么十二少没有与如花共赴黄泉，以便来生再续今生不了缘？一个身陷勾栏的女子尚且愿为真情付出生命，而那信誓旦旦的爱人反而背约毁盟，这种无情和残忍已经让人们不堪忍受了。更可怕的却是一些现代人对爱的另一种透视：凭借冷静的自我分析，现实的相互利用和精明的金钱算计等态度，人们得以超脱热恋的迷醉和失恋的绝望。大多数现代人可能是不会去爱如花这种感情强烈而疯狂的女人的，倒不是怕做她的刀下鬼，而是根本就不愿付出这样强烈的感情。一种实用主义态度正在吞噬爱情的真诚与执著，真情的匮乏使爱情动人心魄的光彩趋于黯淡与衰微。当心灵蒙上灰尘时，人们艰难地寻找着可以使之净化的一汪清泉。这汪清泉在时尚的、物化的、功利的滚滚红尘中实难寻觅，于是人们不得不退而求其次，沉醉到电影中的人生去体验那纯美的、奉献的、烈火焚烧一般的轰轰烈烈的爱情。当看到如花把当年的爱情信物、一枚缀在项链上的精致的胭脂扣归还给潦倒一生、行将就木的十二少哀怨地飘逝而去的时候，怎能不让人流下感同身受的眼泪。我们是在以泪水献祭那个名唤如花却身处柳巷的烟花女子的一番真情？以泪水表达视爱情为调味品的一些现代人的一份汗颜？以泪水安慰自己那重门深锁、许久不曾开启也不愿开启的一颗真心？

电影也源源不断地编织着令人痴迷的英雄神话。早在远古时代，每当人类在大自然面前感到束手无策时，总有一些在智力或体能方面的出类拔萃者应运而生，成为人群中的当然领袖即名副其实的英雄。英雄这一称号，在古希腊集正义、勇敢、节制和智慧于一身。于是，有了英雄的出现，随之而来的就是作为大众心理的英雄崇拜。由于有对成功的渴望和对超常能力的梦想，英雄在每个人的内心深处形成一种情结。人们在潜意识里隐含着浓浓的英雄情结和对英雄的崇敬与向往，电影中的英雄形象无疑激发了人们内心的这种潜在力量，因此而引起人们的共鸣，受到人们的喜爱。或是草原上纵马奔驰的西部牛仔，或是为国家独立而冲锋陷阵的英勇战士，或是叱咤风云、力挽狂澜的政治人物，或是当今在某个领域中做出突出贡献的成功人士，或是打击犯罪分子的执法人员，甚至是历史上那些为自由牺牲的平凡人物……电影淋漓尽致地刻画了这些强大、智慧、勇敢和坚韧的英雄形象，满足了人们对英雄的心理渴求，并使人们得以尽情地享受那种获得成功和胜利时的想象性的快感。而且，英雄故事往往交织着爱情故事，比如《勇敢的心》，把民族英雄威廉·华莱士和梅伦的爱情故事放在了英格兰人侵略和欺辱苏格兰人的历史背景上，凸现了在金戈铁马的铁血争战中悱恻动人的爱情诗篇。它既让人感受到华莱士为了捍卫民族的自由与尊严而不畏强敌、英勇搏杀的气壮山河之势，又让人体会到那荡气回肠的铁血柔情。华莱士青梅竹马的爱人梅伦遭到侵扰苏格兰的英军凌辱并被残忍杀害之后，新仇旧恨交织在一起，点燃了华莱士心中愤怒的火种，他率领苏格兰众乡亲揭竿而起。为了自由反抗暴政，为了自由甘愿被处死，枷锁和自由的冲突在篇尾被极端化了的生死问题推向了高潮。那史诗般的宏大叙事，那冲冠一怒为红颜的铁血柔情，在现实生活中是极为罕见的，它增添了影片经久不衰的魅力，也满足了人们内心对侠骨柔肠的渴盼。

除了给人们编织梦幻般的爱情与英雄的故事，让人的情感、幻想得到替代性满足之外，电影也给人创造释放情绪的机会。处于复杂的社会环境和文化氛围之中，人在与自然搏斗的同时还必须与自己的同类竞争。在与自然搏斗时，需要团结一致；而在与自己的同类竞争时，又需时时提防着对方。再加上信仰的缺乏，精神无以寄托，搏斗和竞争让人产生精神上的高度紧张和心理上的万分孤独，其间所夹杂着的难以言表的冲突和焦虑也让人在现实生活中常常感到疲惫不堪。对现代人来说，紧张、孤独、矛盾和焦虑等这些内在生命的失衡现象随时在发生，而恢复平衡作为生命最基本的趋向和目的，便构成了人们欣赏喜剧电影最重要的心理契机。喜剧所表达的是生动具体的、以现实人生为参照的那种极其旺盛的生命力的连续平衡。生活的重负使人们喘不过气，人们需要看喜剧，需要在逗乐中释放在日常生活中被压抑、被包裹得过于严实的种种情绪。喜剧电影可以溯源到卢米埃尔兄弟的纪录片《水浇园丁》，它最早向人们展示了电影天生具有的喜剧因素。它讲述一个园丁在浇花，一个男孩用脚踩着橡皮水管。园丁以为水龙头出了毛病，于是打开水龙头来检查。这时，水却突然从水龙头里喷射出来，溅得他像一只落汤鸡。这一简单的生活插曲在当时一家咖啡馆的地下室银幕上再现，让人们认识到了喜剧电影的魅力。在此之后，喜剧电影便成为人们借以娱乐消遣、缓解压力、释放情绪的方式。一代喜剧大师查尔斯·卓别林头戴圆礼帽，嘴留小胡子，手持细手杖，脚穿大皮靴，瘦小的上装搭配又肥又大的裤子并迈着企鹅般的脚步这一银幕形象本身就已经让人忍俊不禁了，再加上夸张的肢体动作，丰富的叙事情节所带来的故事、冲突、情趣和情感的表达，形成了一种以视觉为媒介的独特语言。喜剧电影让人得以暂时摆脱功利，与日常生活拉开距离。它让人们看透别人乃至自身隐藏在心灵深处的卑劣、委琐或善良本性，那种轻松的揭示和善意的幽默给我们带来发自内心的快乐。近年来，周星驰的电影深受人们的喜爱。其大量的喜剧电影以削平深度的方式解构着经典与传统，它拒绝生活的粉饰但又不乏艺术的点染，给人一种既嘲讽现实、又渴望本真的快感冲动。在雅俗共赏的现实生活里，人们有可能成为对那些微不足道的琐屑之事的敏锐观察者。用喜剧的眼光审视这个世界的全部琐碎、褊狭或夸张的方面，事物和事情就会失去它固有的物质重压。这时，人们尽管也生活在这个充满局限的世界中，却不再被它束缚，忧愁和烦恼也就完全被溶化在喜剧那发自内心的欢笑里面了。

释放情绪的极端化方式则是看恐怖片。造成人类恐惧心理的因素有死亡、黑暗、孤独无助等。很显然，它们也正是恐怖电影中的基本元素。但在最根本的意义上，恐怖片存在的心理基础，在于人类的一种终极情感即对死亡的焦虑。无论是悬念重重的电影如《小岛惊魂》，或者是人性与神秘相杂糅式的影片如《午夜凶铃》，超自然的鬼神首先代表着一种来自外部世界的威胁，它们构成了恐怖电影中的第一个梦魇。而构成恐怖电影世界的另一个更为重要的梦魇，则是来自人类自身那充满各种欲望的内心世界。几乎每一部经典的恐怖片在制造一种恶魔形象的同时，也迫使观众面对自己的内心世界，迫使观众去审视与清理自己内心对恐惧的恐惧，对焦虑的焦虑，也许没有哪一种休闲方式能像恐怖片那样直截了当地反观出我们貌似坚强却孱弱的内心。但电影对噩梦的制造是对我们内心深处的恐惧和焦虑的一种揭示，而不是让我们沉溺其中或者是获得单纯的刺激，人们于是由直观而得解脱。在此意义上，恐怖电影又巧妙充当了一付精神的安慰剂。繁琐重复的生活容易使人产生麻木和厌倦，自然也需要一些情节刺激、悬念突出的恐怖片来体验自己的存在。一些惊骇的镜头和情节有时令人毛骨悚然，让我们不由自主地发出尖叫，而尖叫之后的如释重负，高度紧张过后的极度放松，犹如黑暗消失后的光明，让人感到无比舒畅。恐怖电影也能满足人们追求冒险、好奇等心理的需求。那些惨不忍睹、骇人听闻的情节和场景，让人们在没有直接生存危险的情况下充分满足了好奇、猎险心理。因此，不少的人明明怕得要死，却还是喜欢看恐怖片来吓自己，而且越是恐怖、惊悚就越是爱看。因为恐怖，所以喜欢。恐怖片牢牢地抓住了人们探险猎奇的日常心理，所以它也具有了其它片种无法替代的消遣功能。

人们不仅需要释放情绪，而且需要释放被压抑的本我。心理学家弗洛伊德把人格分为三个心理层次：本我、自我与超我。本我按快乐的原则行事，自我按现实的原则行事，超我按道德的原则行事。本我像一口沸腾着各种欲望的大锅，随时要求得到满足，只有满足才能快乐；自我是一个控制者，根据现实的可能性和允许度来调节本我，满足、延缓或转移本我的欲求；超我则随时以文化传统和道德习俗来规范本我与自我。人格的健康来源于本我、自我与超我三者的和谐。如果本我被过度压抑，那么人就很可能患上精神上的病症。于是，当本我的那些欲望无法在现实中得到释放与满足时，人就有了种种梦境的经验，正是梦偷偷地释放着被压抑的本我的能量。同时，由于这是一种假性释放和替代性的满足，因而自我不必为此负责，超我也不必施以惩罚。艺术在某种意义上就是制造梦境，它以幻想的方式升华本我的欲望冲动并获得替代性的满足，看电影就是一种假性的释放本我和满足本我的方式。电影使人们暂时摆脱日常生活，置身于银幕之前的人们，与现实世界相隔绝，视觉感知变得亢奋，于是全身心的投入使人摆脱了代表社会性指令和道德约束的自我与超我的控制。而电影院的黑暗与家庭空间的私密所带来的安全感使得暴力与窥视等欲望的呈现成为合理，现实世界被黑暗与私密隔离到了精神世界的括号之外。视觉的锐化，自我、超我的逊位，使潜意识里的本我开始了极度扩张，于是暗夜中的人、私密空间中的人在电影中获得心理和精神上的自由。

在电影欣赏中，人们要么得到梦想的替代性满足、各种内在情绪的释放，要么是缓解本我的压抑之感，电影为日常生活中的人们提供了一个广阔的精神空间。现实的生活，不仅有无奈与沉闷，也有伤心与痛苦。面对这些人生的经验，人们可以不必去选择斯多葛主义式的漠然。通过欣赏电影中的那些高度提纯的故事、极具匠心的情节、一触即发的矛盾，日常生活中的各种情感都可能达到它的最大强度。而正是在这样的强度中，情感改变了它的形式。因为在电影的世界里，人们不是生活在事物的直接的实在之中，而是生活在纯粹的感性形式的世界中。在这个艺术化的世界里，人们所有的情感在其本质和特征上都经历了某种质变的过程。于是情感本身解除了它的物质重负而回到情感本身，人们所感受到的是它的形式和它的生命而不是它带来的精神负担。说来也怪，在人的情感经历了最深沉和最多样化的运动之后，它最终回到了静谧。

三、翰墨人生

从词源上讲，汉语“艺”的本意是园艺即种植。在西方的原始语境中，艺术则是源于技术的一种制作活动。但园艺上的种植和手工业上的技术活动，都是与现实生活相关的实践活动。随着社会的发展和分工的出现，则诞生了专门从事艺术创作的职业艺术家和纯粹的艺术创作活动。

艺术家的艺术创作活动催生了形形色色的艺术观念，其中最为突出的就是艺术摹仿说和艺术表现说。艺术模仿生活就是把艺术看做一面镜子，看做是对生活的反映。这实际上是把生活看做艺术的蓝本，而艺术则是生活的摹本。这种观点也肯定艺术的能动的模仿，这也就是说，一个被模仿的现实实际上是一个被艺术家改写的现实，因为艺术家感知的选择、想象的创造和价值理想、情感态度等总是参与了对现实的反映。而表现论则认为，艺术作为一个纯粹唯美的精神世界，是艺术家自身的想象和激情的表现，它与生活没有什么必然的联系。艺术犹如一盏灯，它不仅是艺术家内在精神之光的涌现而且是对现实生活的一种照亮。镜式的摹仿论和灯式的表现论虽然各有一定的合理性，但是它们都是站在生活之外来审视艺术，也就是说，艺术和生活被视为截然区分的两节。事实上，艺术和生活有着非常复杂的关系，艺术不仅在生活之外，同时也在生活之中。艺术在生活之外，就是说艺术自身作为一个整体能够超出生活，而去创造一个与现实世界不同的可能世界，也就是一个美的精神世界。但正如彭富春先生在《哲学美学导论》中所言："这种艺术的分离并不是一种与生活的绝对的隔离，让自身成为一个孤立的实体，而是处在生活世界的边界上，和它保持一种特别的张力，既亲近又远离。"这样，艺术常常就会冲撞我们日常化的生活经验。而艺术经验的冲撞，必然引起日常生活经验的调整。在此意义上，处于生活世界边界上的艺术同时也在生活的整体之中，就是说艺术也是生活的一部分，艺术指引了生活世界的创造和自我更新。但是艺术作为生活的一部分，不能理解为在现实的物质活动之外再附加上艺术这种精神活动，而是说艺术就是生活的本性。

美学家朱光潜先生曾经极力主张艺术与人的生活的统一，主张人生的艺术化和情趣化，"严格地说，离开人生便无所谓艺术，因为艺术是情趣的表现，而情趣的根源就在人生；反之，离开艺术也便无所谓人生，因为凡是创造和欣赏都是艺术的活动，无创造、无欣赏的人生是一个自相矛盾的名词”。当代审美文化的一个重要理念，也是基于艺术与生活本源一体的关系来倡导日常生活的审美化。日常生活的审美化当然要求我们用艺术化的眼光来观审我们的日常生活，正如清代李渔在《闲情偶记》中所说的那样，“若能实具一段闲情，一双慧眼，则过目之物，尽在图画，入耳之声，无非诗料”。但日常生活的审美化不仅需要艺术心灵的观照，而且需要借助于艺术欣赏和艺术创造这一实际的活动来提升我们的日常生活。

现代快节奏的生活方式一方面加大了我们身体上的负荷与精神上的压力，但是另一方面也给我们提供了更多休闲的时间和空间，比如双休日和“五一”、“十一”等长假使我们有大量自由支配的时间，来从事一些有益于身心的家居或户外性的休闲活动。令人不解的是，现实生活中不少人随随便便就把这样宝贵的时间浪费掉了。有的人把节假日当做睡懒觉的机会，门窗紧闭，蒙头大睡，直到天昏地暗；有的人则通宵达旦地沉溺于网络游戏，不吃不喝，以致面容憔悴，神思恍惚；有的人好赌成性，坐如磐石，忧心胜负，常常是身心疲倦，人财两失；还有的人则是无所事事，晃来荡去，最终弄得个空空如也。这些生活现象表明，我们的日常生活大多处于一种平庸和无意义的境地。忙忙碌碌的工作之余，当然需要一定的休息来对身心作一番调整，甚至也需要一点点游戏来丰富一下生活的内容。但是，在剩下的大部分时间里，只要我们能合理地安排和利用，还是可以做很多有意义的事情来充实我们的心灵，美化我们的生活。其中，艺术的欣赏和创造就是寄情寓性、充实心灵和美化生活的一件快乐的事情。

艺术和人生的同一表明，我们每一个人的内心都有一位潜在的艺术家。我们和那些专业化的、一流的艺术家相比，只有层次上的区别而无本质上的不同。这就使得我们每个人都有能力来欣赏那些优秀的艺术作品，同时也创造哪怕是很普通但属于我们自己的存在的艺术作品。广义上的艺术欣赏和艺术创造活动，犹如人的内心世界一样丰富多彩。在中国古代，主要有琴棋书画等。当然，置身于现实的生活土壤中的艺术活动，总是不断生成的。过去的艺术样式在今天大多有了新的情感、思想内涵和新的表达形式，新的艺术门类也在不断出现。从现实的条件和实际的生活状况出发，书法的欣赏和练习对大多数普通人来说或许是日常生活情趣化、艺术化比较现实和可行的一种方式。

中国的书法艺术有着悠久的历史，在长期的发展过程中，历史性地形成了三种明显的风格。魏晋时期迈出了书法繁荣的第一步，以王羲之为代表的一大批书法家开创了秀雅含蓄的艺术风格。随着书法艺术自身的发展和时代精神风貌的变化，在唐代形成了以颜真卿、柳公权、欧阳询、张旭和怀素等为代表的刚健雄强的风格。唐人书法尚法度，而宋代人的书法则崇尚意境，代表性的人物有苏轼、黄庭坚、米芾和蔡襄等，他们的艺术风格更多地表现为一种自由和洒脱。元明清时期的书法基本上是这三种风格的继承和发展。书法史上的杰出作品，可谓汗牛充栋，不胜枚举，像王羲之的《兰亭序》、颜真卿的《祭侄文稿》、欧阳询的《九成宫醴泉铭》、张旭的《古诗四帖》、怀素的《自叙帖》和苏轼的《黄州寒食帖》等都是难得的艺术精品。书法史上不计其数的优秀作品，正是我们摹仿和学习的最好范本。也许，在当今汉字越来越被数码化为一种单纯的语言服务性符号的时代，人们并不打算去临摹它们，而是更愿意用五笔字型或者拼音输入法等事先准备好了的检索系统把汉字一个一个拣出来。技术时代的发展自然会对书法艺术带来一些冲击，以至于引起一些书法家和爱好者担忧书法艺术传统的行将消亡。但是这种担忧是多余的，因为书法艺术不同于汉字的书写，即使越来越多的人远离书法艺术，这反而会凸现书法艺术在将来生活中的审美价值。

事实上，书法是一种具有顽强生命力的艺术，每当我们看到那些美妙绝伦、风格迥异的优秀作品，我们会不由自主地为其惊人的美所倾倒。书法艺术美的欣赏即古人所谓的玩帖是书法创作练习的一项基本功，通过对一些名帖的把玩，我们就会逐渐获得更深入的理解。那么书法艺术的美究竟何在？对于一般人来说，把字书写得规规矩矩可能就是好的书法了。对有一定艺术修养的人而言，则会从不同的侧面和层次分析出书法艺术的各种审美元素，比如点画的美，结构的美，章法的美和整体上的意境美等。如果我们简单地说，书法艺术的美可以说是力的美和情的美。欣赏和练习书法关键是要抓住力的美和情的美这两个基本的审美要素。

我们做一件事情，若能克服种种条件的局限甚至困难而最终获得成功的话，大凡都有几分艺术创造的味道。中国的书法艺术追求力的美，也有相似的道理。宗白华先生说："中国人写的字，能够成为艺术品，有两个主要的因素：一是由于中国字的起始是象形的，二是中国人用的笔。”前者可以说是从书画同源的视角，认为书法是用抽象的点画来表现我们对事物的那些如其所是的理解和把握，于是有许慎所谓“书者，如也”、扬雄所谓“书，心画也”和张怀瓘所谓“书者，法象也”等说法。以抽象的点画线条来刻画有形体的事物，当然也是一件颇有难度的事情，这无疑给了书法以最初的艺术冲动。就用笔而言，我认为它更强有力地提升了汉字书法的艺术创造力。老外的文字没有形成书法，用笔的不同大概也是一个原因。众所周知，中国人发明的毛笔在铺毫抽锋的时候极富弹性，所以书写起来巨细收放、变化无穷。而要真正做到巨细收放、变化无穷，这已经是不太好把握的事情了。更为重要的是，软软的毛笔若能写出刚柔相济而富有视觉冲击力的文字，这岂不是需要极大的艺术创造力？由此，难怪历来的书家无不倡导和实践书法艺术对力道之美的表现。

那么，书法所表现的是什么样的力？一般的人可能会把书法的力与物理的力混为一谈，这显然是极大的误解。事实上，即使你使出浑身力气，也可能把字写得绵软绵软的。苏轼《论书》指出：“书必有神、气、骨、血、肉，五者缺一，不为书也。”明人丰坊在他的《笔诀》里也说“书有筋骨血肉”，康有为在《广艺舟双楫》中进一步明确地提出“书若人然，须备筋骨血肉，血浓骨老，筋藏肉莹，加之姿态奇逸，可谓美矣”的美学观点。这样一些论述说明，古代的书法家总是视书法为一种生命的艺术，总是力求要在字里行间表现出生命体的筋骨血肉的感觉来。可见，书法所表现的力不是身体的气力，更不是物理性的力量，而是一种生命的、心灵上的力量。

书法的这种生命力看似虚幻，实际上它是真实可感的，它总是要通过一定的表现形式具体地显现出来。就拿以人拟艺的筋骨血肉论为例，它实际上是从点画的形状、笔势和墨的浓淡、燥湿角度提出的一种具体的力感的表现手法。根据这一看法，点画露锋或藏锋的形状表现出的健劲感就是有骨，反之就是无骨。点画之间相互映带或者呼应的走势表现出灵活就是有筋，反之就是无筋。而血肉讲的是水墨的问题，水湿而清，其本性接近于血，因此墨的燥湿合度，就是书法上讲的血润；墨浓而浊，本性如肉，其浓淡适中就是所谓的肉莹。虽然点画轮廓和笔势总是通过水墨来表现的，无水墨的点画只能是空洞的点画。但是更为重要的是，水墨更需要筋骨的支撑，否则它只能是虚发旁溢，血肉模糊。所以前人说，“筋骨唯患其少，少则无神气”，而把那些肥瘦失度的、软弱无力的浓墨大字，形象地称之为墨猪。

由于书法所表现的力不是身体性的气力和物理性的力量而是生命的、心灵上的力感，所以书法的力道表现就和情感的美联系起来了。我们甚至可以说书法力道之美的根源就在于情感的美，因为书法作为一种生命体的存在，实际上是人的情感力量的对象化。没有达观从容的士人心态，王羲之写不出秀雅平和、号称天下第一行书的《兰亭序》。颜真卿在悲愤交加中写下了天下第二行书《祭侄文稿》。据说怀素是一个酒肉和尚，他常常是乘着酒中的兴致挥扫出惊天动地的狂草作品。几乎所有书法家的创作经验表明，好的书法艺术作品都是情感的流露。韩愈在《送高闲上人序》中说：“往昔张旭善草书，不治它技。喜怒窘穷，忧悲、愉佚、怨恨、思慕、酣醉、无聊、不平，有动于心，必于草书焉发之。观于物，见山水崖谷，鸟兽虫鱼，草木之花实，日月列星，风雨水火，雷霆霹雳，歌舞战斗，天地事物之变，可喜可愕，一寓于书。”中国书法艺术用极端抽象的线条，把人的情感高度形式化了，这使得书法真正成为一种情感的艺术和情感的形式。书法艺术所表现的情感既是对自我也是对他物的个性化的生命体验，所以书法家梁启超说：“个性的表现，各种美术都可以，即如图画、雕刻、建筑，无不有个性存乎其中。但是表现得最为亲切，最真实，莫如写字。”当然，所谓书如其人、字如其人等说法，不能一般化地理解为好人写好字，恶人就写坏字。这样的理解是把书法艺术的审美尺度简单化为一种道德评判，事实上道德人格和书法艺术之间是一种既有联系又相互区分的复杂关系。而基于个性化的生命体验则是审美判断，它最典型的表现形式是对人的内心世界的一种情感氛围的价值判断。特定的情感氛围在书法作品中形成一种整体性的风格，这就是书法的意境。比如《兰亭序》清风明月般的意境，就是通过点画的圆转、字体结构的对称平衡和章法上的行云流水等所具体化了的一种平和的心境氛围。

画家毕加索曾经说，如果他是一个中国人，那么他一定会是一个书法家，他要用笔来书写他的感情。从画家的眼光来审视中国的书法，毕加索意识到中国人的书法是一种具有强烈抒情色彩的艺术。毫无疑问，绘画对人的审美情趣的培养有不可估量的影响，但是其复杂的技法让日常生活中的绝大多数人颇感为难。书法则让人有一种单纯简洁的亲近之感，因此可以说它是培养审美情趣和陶冶审美情操的良师益友。在欣赏书法作品的时候，我们通过感同身受体会和理解他人的情感并借以丰富自己的人生。而创作书法的时候，则更是一种全身心的投入活动。创作过程中的坐姿、站势、执笔、运腕、运臂等这些动作，所牵动的是人的整个身体。虽然在严格的意义上身体性的训练还仅仅是一种技法，但是在反复的实践过程中，它会逐渐消除外界干扰和排除人内心杂念，最终达到人内心世界中的各种情感的纯粹性和身心合一的宁静境界。前人论书说“莹神静虑，端己正容，秉笔思生”，讲的就是那种虚静平和而又生气勃勃的心境在书法创作中的生成。

书法艺术的创作可以说是一种真正身心合一的艺术活动。从书法对“端己正容”的身体姿势的严格要求上看，书法可以强身健体；而从“莹神静虑”的心灵陶冶上讲，书法也可以寄情养性。我们作为业余的书法爱好者，既不必为书艺尚未炉火纯青而烦恼，但同时也不会违背书法创作活动的审美精神。因为休闲式的书法艺术活动在排除了精益求精的顾虑之后，恰恰是遵循了自由地表现生命力和情感美的艺术精神，来丰富和完善我们的日常生活的。书法艺术的创作常常会潜移默化地影响我们的身心活动，在闲暇的时候不妨从事一点书法的欣赏和创作，在持之以恒的练习中，我们不仅会在艺术上有所进步，而且一定会获得情感的寄托和思想的升华。

四、妙寓瞬间

随着时代的进步和人们物质生活水平的提高，摄影越来越成为人们喜爱的一种活动了。一旦遇到喜庆的酒宴、朋友的聚会、亲人的团聚、旅行、游览以及一些特殊生活事件的时候，人们往往都要留影作为永久的纪念。摄影是一种纪实性的活动，它以较高的真实性为人们留下了许多具有历史价值的珍贵影像。由于摄影独特的时间性，它又是一门富有特色的艺术。摄影总是抓住生活世界中的特殊瞬间，让人们透过这生动的瞬间景象去感知生活，去认识历史，去思索问题。用有限的瞬间景象浓缩无限丰富的内涵，这是摄影所具有的独特的审美价值。

于是，摄影作为一门具有独特审美价值的艺术，又被人们称为瞬间的艺术。摄影总是凭借瞬间的闪耀，把生活世界中的精彩片刻定格为难以忘怀的永恒。但是在我们的日常生活经验和认识中，瞬间与永恒是一对相互矛盾的名词，即是说瞬间不是永恒，永恒也不可能是一瞬间。摄影的瞬间何以能成为难以忘怀的永恒？

瞬间与永恒，首先是与时间相关的一个问题。哲人们常说，时间是一个谜，当我们不追问它的时候，我们似乎还知道它，一旦我们试图要追问它的时候，我们却茫然无知了。我们通常所说的时间是外在的物理时间，它表现为白昼和黑夜的更替，四季的运行等。在这种自然性的进程中，时间的特性就是绵延和间断。绵延的时间犹如一条从过去经历现在并涌向将来的河流，总是有不可逆转的方向，于是有“子在川上曰：逝者如斯夫”的感叹。就间断性而言，时间又像是一条可以切分为若干片段的直线，比如从年、月、日到时、分、秒的划分。但时间除了表现为物理的时间之外，还表现为心理的时间。心理的时间是一种时间的意识，它改变了物理时间的绵延性，比如在当前化的时间体验中充实了对于过去的追忆和对于将来的期待。心理的时间不仅改变了物理时间的绵延性，而且也改变了物理时间的间断性，从而使得时间片段失去了有效的意义。这正如恋爱中的人对爱情的经验：如果对一段恋情漫长的等待有结果的话，一千年也不算长，但是如果等待没有任何希望可言，则一秒钟也胜过一千年。这就是说，物理时间的漫长可以变为心理时间的短暂；物理时间的短暂也可以变成心理时间的漫长。这种心理的时间在我们的日常用语中被表述为"光阴似箭，日月如梭"，反之则是"度日如年"。物理时间是科学认识意义上的客观时间，心理时间是主观认识意义上的时间意识。而作为存在的时间则是人的生活世界的历史。比之于物理时间的流逝，存在的时间是生成的；比之于心理时间的想象性，存在的时间又是真实的。存在的时间表明，人始终处于时间之中，一个人的生死就是他本己的时间的诞生和终结。物理时间和心理时间有别于人的存在的时间，但它们同时也被纳入了存在的时间维度来获得其存在的意义，因为在本质上只有人的存在的时间才是一切时间的本性。人的存在的时间作为人的生活世界的历史性生成，它揭示了瞬间的永恒性。瞬间虽然意味着极其短暂的片刻，但它并不消失而是在生存论意义上的一种真实的存在。因为瞬间在失去自身物理的和心理的意义的时候，却依然保持了自身存在的意义，这使它成为永恒。永恒是生成，是历史时间的创造。

惟有生成和创造，才可能有永恒。摄影本身只是短暂到以秒计的一瞬间，但这一特别的瞬间是在时间的混沌中升起的光辉，片刻的时间由此变成了时光。这精彩的瞬间作为时间之光，照亮了事物和一个事件的发生，有如烟花的闪耀照亮了节日的来临。真正的摄影不是我们通常所理解的对某一外在对象的复制，而是让事物或事情自身在我们如其所是的理解中呈现出来。所以好的摄影总是对某一发生着的事情在生成论意义上的洞见，摄影的乐趣就在于这种洞见。只有洞穿了事物和一个发生着的事件在人的生活世界中存在的意义，摄影才能把那瞬间的显现定格为难以忘怀的永恒。

摄影对生活世界中的意义的瞬间洞见就是直观，而直观就是一种不带任何成见和偏见的直接观察。摄影要求我们首先要学会看，学会观察。只要我们想看，我们就会看到那所看到的，事情仿佛就这么简单。对我们来说，观察周围的事物既简单又自然，好像根本就用不着去考虑如何观看的问题。我们一生下来就会看东西了，这是一种有助于我们生存的基本本领。有了这种本领，我们能够看清母亲的脸，看清碗中的食物，看清脚下的道路和各种可能的危险处境等。但是，这点看家的本领对于摄影来说是远远不够的。

回想小时候，我们对什么东西都充满了好奇心，觉得眼前的一切都是那么新鲜和有趣，五颜六色的树叶、小草上的一滴露珠甚至是一只小小的蚂蚁，都令我们欢喜和着迷。但是不久之后，这些东西就变得平淡无奇了，于是我们学会了忽略，学会了视而不见，我们对周围事物的观看就开始变得越来越随意和淡漠。随着年龄的增长，这种随意和淡漠就成了我们在日常生活中观看事物的基本方式。再过些时日，我们开始拿起相机，想要找回那些曾经给我们带来心灵欢乐的事物或事情。因为我们的拍摄大多已经被日常观察事物的方式所左右，我们手中的相机总是显得机械和别扭。但是随后我们又变得习以为常了，我们不再别扭，我们按照一些陈旧的观念来摄影，一棵树、一朵花或者是一辆汽车被我们按照头脑中早已定格了的形象来作简单化处理。这样不假思索的拍摄，结果往往令人败兴。于是，我们开始归咎于相机的质量或者摄影的技巧。其实，昂贵的设备和非常的技巧，并不是决定摄影是否取得成功的惟一因素。问题的关键还在于我们自身，在于我们是否有敏锐的观察本领。

敏锐的观察本领要求我们放弃一切的成见和偏见。成见是已完成了的认识和见解，偏见是把片面的见解视为正确无误的认识，就是以偏概全。成见和偏见都是先入之见，是预先设置的对事情的认识和理解。成见和偏见游荡在我们心灵的深处，如浮云蔽日遮蔽了我们对那些鲜活的事物的正确理解和认识。就摄影而言，在先入之见的作用下，我们要做的仅仅是摆弄一下对象的情态，端稳相机迅速按下快门，好了，一切心满意足。这样的摄影千篇一律，毫无创意，自然也不可能成为一件有趣的事情。美国摄影师杰依·梅塞尔说："我认为一个摄影者所能做的事中最危险的莫过于在出门时心中已定下了某个想拍摄的画面，当你在想着什么是你想遇到的东西时，很可能你正在坐失良机。"另一位摄影家劳伦斯说："这完全取决于你自己的态度。你可以关上自己感受外部世界的许许多多的门，也可以打开那些关上的门。"预设的成见和偏见就是束缚我们心灵的那些门，它们阻断了我们对外部世界的真切的感受，于是自然世界和社会生活中的那些活生生的人、事、景、物便轻易地从我们身边溜之大吉。

也许我们都曾有过这样的经历，常常喜欢拍摄那些宏伟壮丽的画面，诸如高山大河、参天古木、绚丽的日出等，或者是各种新奇刺激的情景，比如偶发的事件和欢闹的场面等。受观察定势的束缚，我们不屑于渺小的事物和周围熟悉的物品。爱德华·韦斯顿说："无论什么原因，只要这件东西能引起我的兴趣，我就把它拍下来——这么做并不是追求什么非同寻常的被摄体，而是让普通的东西变得不寻常。"在我们的生活中，那些熟悉而普通的事物可能绝少引起我们的注意。摄影家总是告诫我们要留意观察事物，即使是一些微不足道的事物，你只要用心去体会，你就会看到更多的东西，它们潜在的审美力度恰恰蕴藏在这种普通和熟悉之中。当你能够以一种激发起人们情感的方式拍摄它们时，观赏者反而会因为这些东西的无比平凡而加倍地情动于衷。这些非同寻常的普通之物随处可见，关键是要善于发现。一个肥皂盒的结构、暮色苍茫的天际、山脉蜿蜒的线条、小孩子细嫩的脸、林间小路上飘忽不定的几片落叶等，这些生动的影像无不凝结着丰富的生活世界的感情。谁会想到阳台上乱七八糟的东西也会在落日的余晖中容光焕发呢？谁曾想到晒衣绳上的露珠也能拍出好照片呢？在拍摄这些熟悉的事物时，你会发现一只发夹也能像晨曦一样激发人的情感，因为发夹既个性鲜明而又亲切常见，它是日常生活的一个象征。

总之，一旦我们抛弃那些观察定势从而自由、直接地观照我们身处的外部世界，我们的视角同时就获得了极大的解放。但是视角的解放并不意味着率性而行的那种观察立场。当你确定一个被摄事物时，往往可能是在一个偶然获取的视点上发现的。这种随机的视点可能会、也可能不会使你拍到最好的照片。当你漫步在名山大川之中时，无数令人心动的东西接踵而来，于是你迫不及待地取出照相机把它们拍了下来。但是，你不能把希望完全寄托在这种偶然的冲动上。看一眼就能选取视点，这是普通人的眼睛而不是摄影者的眼睛所应该做到的。摄影者视角的解放首先意味着要悬置普通人的眼光所夹杂着的复杂想法和多余的欲望。比如，从普通人的视角出发，在阳光灿烂的春天拍摄瀑布的风景，你能听到瀑布的咆哮、四周流水的潺潺声、小鸟的唧唧喳喳和风中枝叶摇曳的沙沙声，当然你还能感受到阳光的温暖、水花的潮湿和树阴的凉意，还能看到小鱼在水中嬉戏、树叶在阳光下飞舞。你的心随之荡漾，恨不得把许许多多并不应该在照片上出现的东西全都拍摄下来。但是，你所观察并最终想拍摄的只是瀑布。如果你想用一幅照片来表达你对瀑布的印象，你首先该获取一个精确的视觉印象，过滤掉那些与视觉表现无关的声音和气味。同时，你还应当压制住心中浮起的过分的奢望，把精力集中到所要表现的视觉形象上来。只有提取出有价值的视觉要素来摄入你要表现的瀑布，这样的拍摄才会有成功的乐趣。摄影一方面要悬置杂多的想法和欲望，另一方面又要克服认知的狭隘。普通人的眼睛总是尽力去认识他们所看到的东西，因此，只要观察事物的角度能识别事物，他们就心满意足了。对常人而言，所谓识别不外乎是用已有的观念给事物贴上概念的标签。根据这些标签，我们能够认识事物就不再去深入地观察事物了，犹如我们认识瓶子上的标签，就从不去品尝一下瓶中之酒的味道一样。对于那些力图享受摄影快乐的人来说，要想拍出愉快难忘的体验就不能把自己局限在仅仅识别事物的视点上，而应将它与那些还能产生情感和美感的视点作比较。你可以从一个不寻常的角度来揭示被摄事物几乎不为人知的侧面，从而表现心中的视觉主题。显然，从尽可能多的角度、用不同的方式来表现一个被摄的事物，这让摄影充满了惊喜。人类是我们所居住的星球上惟一直立行走的动物，但是对摄影而言，直立的视点太寻常、太普通了。不妨弯弯膝盖，变换一下角度。一只鼻尖始终朝着地面的老鼠，可以看到沙砾形成的大山和杂草组成的丛林，可以观察到野花从脚前伸向天空以获取阳光和雨露，可以发现蝴蝶带着它的漂亮翅膀在头顶自由自在地飞舞。

摄影的奥妙和趣味，离不开观察，而放开胸怀是进行真正观察的先决条件。只有放开胸怀，才能抛弃对拍摄对象的先入之见。我们一旦放开胸怀，直接去感知生活世界所给予我们的那些全新的意念和情感，就能把摄影变成一件真正快乐的事情。那么，摄影的乐趣是怎样的一种乐趣呢？摄影的乐趣是一种发现的乐趣。在我们的日常生活中，我们除了睡觉和闭目养神之外，无时不在看却可能什么也没有看到，这就是所谓的熟视无睹、视而不见。当然，也可能是目不暇接的万象纷呈让我们陷入一片茫然。如果说熟视无睹使得我们所看到的这个世界了无新意，那么目不暇接则使我们身处的这个世界变成了毫无意义的现象之雾。摄影却不同，它给予我们一种独特的看的经验。一方面，摄影是一种没有任何成见和偏见的视觉经验。真正的摄影必须关注事物自身的表现力，与其他视觉艺术相比，认识到事物自身的表现力对摄影艺术尤其重要。正是基于对事物自身的表现力的关注，使得我们得以从熟视无睹的寻常之“看”深入下去，从而发现真切新颖的不寻常之“见”。这犹如度假归来，环视居室的四周，因为旧有的观念还来不及反应，房间里的东西竟然在我们的审视中变得有点陌生和新奇起来一样。另一方面，灵活多变的摄影总是给予我们一个特定的视角，在一个万象纷呈的现象世界里，这个视角使我们得以摆脱现象之雾的迷惑，犹如一道光亮照亮了事物的本来面目和它美的结构与层次。

摄影对外部世界的发现同时也是对自我的发现，因为就最确切和广泛的意义来说，观察就是一个人的知觉、情感和智慧的运用。对观察之物的拍摄，也就是对摄影者自身情感和智慧的表达。所以，摄影家卢埃林说："你所拍摄的每一幅作品都是一幅自画像。"摄影中的种种审美经验表明，摄影的乐趣也来源于理解，既理解物的意义，也理解自我的内心世界。我们与被摄物在同一个生活的世界里共存，摄影在某种意义上就是一种对话。在拍摄自然风光的时候，一个没有贴近大地的生动和自我的感动的人，决不是高明的摄影师。而对人物摄影而言，没有抓住至性真情的流露和感同身受的共鸣的作品，同样也称不上是一件成功的作品。摄影表达了我们对事物的一种独特的理解和把握，如果我们不作出理解，我们的摄影就会显得苍白无力，索然无趣。而摄影的理解来自于正视我们自己的情感的勇气，来自于把这些情感表述出来的智慧。摄影的理解发自你的内心，只有你自己能够教会你如何理解，你是惟一能进入你自己内心的人。

摄影是生活世界中的意义的瞬间洞见，而这种洞见是没有任何成见和偏见的直观，因此它总是用特定的视角启迪人们去发现和理解自我及其处身的生活世界。在瞬间的直观中理解和发现自我，理解和发现生活世界的意义，在此意义上，摄影直接变成了一件充满乐趣的事情。可以说，热爱摄影就意味着关爱我们自己和我们自己的生活。

适性逍遥篇

一、品茶的情调

中国人最早发明了茶，有了茶以后，就出现了各种各样的茶事。白居易诗云：“食罢一觉醒，起来两盅茶。”喝茶几乎成为国人日常生活不可或缺的组成部分。“清晨开门七件事，柴米油盐酱醋茶”，喝茶甚至被视为与吃饭一样重要的事情，须臾不可分离。至于家居会友，就更离不开茶。沏一壶茶，即有天南地北、言笑纵横，也即是良辰美景、赏心乐事。

国人好喝茶，茶与生活水乳交融。虽然饮茶讲究的是细细品味，但是在人们的日常生活中，口干解渴，也惟茶是尚，这是一个民族的文化所积淀下来的饮食习惯。茶之所以与生活密切相关，当然也少不了茶的妙用。据说茶的发现，就是因为其药理作用，“神农尝百草，日遇七十二毒，得茶而解之”。李时珍《本草纲目》总结了茶的药理作用：“茶苦而寒，阴中之阴，沉也降也，最能降火。火为百病，火降则上清矣。温饮则火因寒气而下降，热饮则茶借火气而上升散，又兼解酒之功能也。”茶的保健作用也是很早就被人们发现了，《神农本草》说“茶味苦，饮之使人益思，少卧轻身明目”。明人《茶谱》也说“人饮真茶，能止渴消食，除痰少睡，利水道，明目益思，除烦去腻”。《草本拾遗》则说“茶久食令人瘦去人脂”，看来茶还具有理想的减肥作用。不过也有不少的人认为喝茶不卫生，说茶中含有毒素。据说唐宣宗时，一高僧年有一百三十岁，宣宗问他服的是什么药以至得以颐养天年。高僧回答说：“臣少也贱，素不知药，唯嗜茶。”看来茶的毒素之说，也非定论。爱茶之人，尽管放心地去喝。

茶自然能解渴，也可以用之于药，单是以此观之，还仅仅是视茶为技。茶的最大妙处，大概还在于其对精神的调节作用。我们知道，茶在英国也是备受青睐的饮品，英国人的下午茶就闻名世界。在1660年英国人的茶叶广告上说：“这刺激品，能驱疲倦，除恶梦，使肢体轻健，精神饱满。尤能克制睡眠，好学者可以彻夜攻读不倦。身体肥胖或食肉过多者，饮茶尤宜。”莱登大学的庞德戈博士应东印度公司之请，替茶大做广告，说喝茶“暖胃，清神，健脑，助长学问，尤能征服人类大敌——睡魔。”喝茶之风大行于英国，看来是与茶清神健脑的茶性密不可分的。比之于酒，茶有不同的品性。有人把酒比做豪爽、勇猛和讲义气的汉子，而视茶为一文静、宽厚和重情谊的书生。的确，酒虽也麻醉人的神经，以至于有的人喝醉了酒便浑然不觉地呓语或沉默；但是，酒大多是强烈地刺激我们的血液和神经，这时醉酒者的内心犹如烈火在燃烧，于是产生亢奋性的冲动或者胡言乱语。茶则香甜苦涩，无激扬刺激之功效。茶为内功，它以含蓄蕴藉的方式抚慰我们内心的情感。所以，饮茶能陶冶性情。通过饮茶来感受茶的情趣，净化人的心灵，以此观茶，则由技入道矣。自古以来，文人雅士，都以尚茶为荣。酒壮英雄胆，茶引学士文。茶的精神之功，经过文人雅士的雅化和歌咏，高雅的生活连同咏茶的诗篇，最终凝结成了灿烂的茶文化。

由于与文学艺术和修身、养廉、锐志、友谊等精神观念相契合，茶便从一般的物质功用发展成为一种文化形态。但茶从被发现、利用到上升为文化形象，经历了一个漫长的过程。茶事的荣衰，已有上千年的历史。饮茶之风，始于上古，兴于唐而盛于宋。在上古，神农氏解百毒，生吃其叶，后人或拌以椒盐食用。有了茶的发明，蒸、捣、拍、焙等茶的制作也莫不具备。而饮食方式也越来越丰富，其间有粗茶、散茶、末茶等，皆碾磨成粉，间或也用葱、姜、枣、橘皮等冲煮成汤。魏晋之际，社会多变，人们更多的是喜欢饮酒而不是喝茶。鲁迅先生在他著名的讲演中精彩地论述了魏晋风度、文章与药、酒的关系，酒成为一个时代苦闷的象征。从唐代开始，因为有提神、消食、治病和健身之功，茶已经成为各族人民生活的必需品。由贞观之治经开元盛世，唐代政治、经济和文化的发展带来艺术空前的繁荣。文人雅士也性好诗、酒、茶。“闲停茶碗从容语，醉把花枝取次吟”、“看风小榼三升酒，寒食深炉一碗茶”，在白居易的诗中，经常是茶和酒同时出现。而时有茶圣陆羽，总结平生事茶的经验，独创煎茶一法，著《茶经》一篇流传后世。常言史家不幸诗家幸，宋代国势衰颓却文采粲然。饮茶一事，尤以徽宗赵佶最为知名，他所作的《大观茶论》，分地产、天时、采样、蒸压等二十目，论述精辟，见解独到。茶事至此，方兴未艾，如日中天。明清以来，茶人寻常百姓家，饮茶之风，复归于日常生活的平常化。

今人饮茶，诗文唱和者已不多见。茶从寻常生活走向文人雅化，再从文人墨客的雅化中解放出来，在更高的层次上向生活本身回归，这犹如青原禅师见山见水的三重境界。随着茶向现代人的日常生活的回归，于是饮茶与休闲生活有了不解之缘。在一个清静的地方，来一杯清澈的绿茶，轻松幽雅的心情，犹如那缕缕茶香。在茶温馨的世界里，永不停息的工作节奏停息了，都市的繁杂与喧嚣消融了，生活中的单调与枯燥消失了，疲惫的身心觅得了一份幸福的安宁。

至于喝茶休闲，首先要懂茶。乱喝一气，不成体统，自然也得不到喝茶的享受。中国名茶的品种繁多，红茶、绿茶、黑茶、乌龙茶、花茶等不一而足。茶状万千，分类之说纷纭众多，莫衷一是。若以发酵的轻重区分，绿茶不发酵，青茶即乌龙茶半发酵，红茶全发酵，黑茶发酵最重。花茶是用香花和茶叶制成，因其制作特殊，所以自成一类。著名的绿茶有碧螺春、龙井、毛尖诸种，因为绿茶不发酵，所以叶新芽嫩，汤清水亮，气味芬鲜。乌龙茶因为半发酵，所以韵味悠长。红茶全发酵，所以醇厚。黑茶再发酵，比之红茶，其醇厚有过之而无不及。花茶杂以香花，故取其香。茶之为饮，识茶而后各取所好，是第一要义。

茶精而无器妙，品茶徒增枉然。茶器之用，不能小视。中国人对品茶器具的讲究丝毫不亚于法国人对品酒酒具的讲究。法国人品葡萄酒时对杯子的选择大有学问，尤其是在隆重的场合和高档餐厅，用杯极其讲究。比如，最便于欣赏酒的色泽的水晶杯质地细腻、明亮、有弹性。当色泽鲜艳的红葡萄酒注入酒杯时，一种未曾入口先有情的情致便会油然而生。中国人品茶的茶具，因茶叶的种类不同同样极为考究。比如，泡绿茶首选玻璃器皿，品乌龙茶以宜兴紫砂为上，喝花茶则以细瓷盖杯为优。因为绿茶的叶形大多完美，以玻璃器皿冲泡，汤清叶展而可观其形，气象万千而可闻其香。乌龙茶香气变化多端，用紫砂壶可以把香气聚集起来而不至于发散。花茶则以传统盖碗泡饮。其碗身厚薄匀整，碗盖大小圆整。翻盖闻香，一泡一饮，无需久待，饮花茶讲究的就是这个单刀直入，简洁明快。

古人言：“精茗蕴香，借水而发，无水不可与论茶也。”又云“茶性发于水，八分之茶，遇十分之水，茶亦十分矣；八分之水，遇十分之茶，茶只八分”。水是茶之母，茶之为饮，水主其神。今人泡茶，以自来水居多，其中漂白粉无数，甚是无味和大失风雅。古人以山泉为一、江水为二、井水第三，以求水质的清活甘冽。古今对照，自有取舍。水清则澄之无垢，水活则流而常新。源头活水，清澄无垢，味甘而汤明，香浓而气高。水质对茶来说最为重要，但是煮水也须十分讲究。绿茶芽叶细嫩，水温不宜太高。乌龙茶适宜取沸而沉静之水，方能韵香而汤澄。红茶似以煮饮为佳。花茶可以绿茶为标准，但是水温不可太低，否则味淡而香飘。

有好茶、好器和好水，坐而品茶，还要有一个恰当的时空环境。如果是独自一人品茶，一张桌子，一把椅子，简约的格局，散发出浓浓的淡雅与闲气。在祥和的庭院或宁静的斗室里，沏一杯清茶，看着紧结的茶叶如花朵般在水中徐徐绽放，直至茶汤清澈碧透，茶香缭绕不散，在轻啜一口的回味中，沁人心脾的感觉足以让人心满意足了。茶可独酌，也宜共饮。古人讲究以茶会友，有佳茗与知音相聚品饮，不啻是良辰美景和赏心乐事。共饮品茶，最适合的地方，大概应是在山水之间了。在山水自然中品茶，其意既在茶香，又在山水，天地人茶四元合一的境界最为高远。在大街小巷中品茶，也别有人文。高级茶楼，品茗与诗文书画共赏，凸现阳春白雪之雅静。市井茶馆，饮茶与游戏闲谈同在，尽享下里巴人之欢乐。

茶、器、水、境四者不可偏废。但休闲品茶，贵在心境。品茶需要好心境，当然品茶也能创造好的心境。一位英国作家曾说文艺女神都带有酒的味道，茶只能产生散文。最清心闲适而又余味深长的，可能莫过于这散文茶了。但是，对于这所谓的散文茶，我们所追求的应该是形散而神不散。这样，茶在日常生活中便成了一种休闲，一种审美，一种沉思。由于茶不仅仅是日常生活中解渴的必需品，于是喝茶、饮茶和品茶就有了一种层次上的分别。喝茶大口开怀，旨在解渴。饮茶不拘形式，重在随意。品茶乐在其中，若有沉思。

品茶和思的关联，来自回味。品茶讲究回味，所谓一杯品，两杯解渴，三杯即是驴饮了。回味不仅仅是一种感觉，更是感觉的感觉，即反过来体会和理解那已经感觉的东西。于是，在这细细的品饮之中，在与茶的交往之中，我们一步步走向了品茶的事情本身，走向茶本身。但是，茶并不直接显现自身，而是以游戏的方式，呈现着它的形姿，或细嫩舒展，或浑圆成珠，有纤如眉者，有卷似螺者，有挺翠如松针者；呈现着它的色泽，或红艳明亮，或嫩绿清澈；呈现着它的芳香，或高低浓淡，或鲜爽袭人；呈现着它的滋味，或苦涩，或醇甜，一一俱全。如果说茶在食用中意味着完全不显现，并且拒绝了自身的存在，那么，此游戏着的形、色、香、味隐秘地呈现着茶自身，并试探着与之相对的每一颗心灵，那真诚的和虚伪的，那高雅的和庸俗的，那宁静的和欲望的……在与那虚伪的、庸俗的和欲望的面对中，茶返身而去。惟有在那真诚的、高雅的和宁静的灵魂面前，茶才自由地显明了自身，人与茶的相遇也才真正被开启。

在茶与人的相遇中，人开始变得沉默起来，但此沉默不是冷漠，而是一种沉思中的聆听，此聆听指向那茶的诉说。那么茶诉说了什么？茶诉说了天地自然无私的馈赠。沐浴春风，吮吸阳光，上承甘露，下饮幽泉，世界万物得以一派生机。在天地自然无私的馈赠中，茶与人都把他的根细细密密地深扎于大地，吸收天地日月的精华。由此，茶成为仙山之子，人成为有灵之人。茶诉说了劳作者的艰辛与关爱。茶农与茶相濡以沫，相互关爱，共同生活在同一片山水之中，彼此分担着风吹雨打。茶也诉说了茶女的守护。真正最能知茶者不是整日赋诗作文的迁客骚人，也非一味悟道参禅的道士僧众，而是与天地自然的灵气相往来的采茶女子，是她文静素雅的纤纤玉手，引领茶来到了人世间。因此，这红尘之中的仙山之子，于其形、色、香、味的显现之中聚集了大地母亲的无私与慈爱，劳作者的天人共生般的关爱与期待，守护者的纯净与赤诚。

但茶不仅道说而且也沉默，因为沉默也是对存在的一种守护。红尘纷扰，淡泊之水成为茶的第二故乡。宁静地伫立在这无色无味的澄明之境中，茶无所欲求，既无外在的因缘，又无外在的目的。茶蹈虚凌空，自由地舒展自己，舒展成为一朵完美自足的生命之花，在本然的世界里开辟出她最美的存在。

茶的道说和沉默所开辟的存在，深深地触动那沉默着的人的灵魂。沉默着的人因领悟了茶的世界而抵达那禅的境界。人说茶禅合而为一，此乃是因为禅即是静虑，静虑即是宁静中的思想和思想中的宁静。茶的沉默所派送的每一刻宁静之思，都是我们生命的一次旅程，是自我的不断更新。而此思的宁静，就是那无言的快乐。泡上一壶清茶，佐之以闲书一本，瓜子一袋，美其名曰品茶，这毫不相关于茶的事情，更不用说茶禅合一的境界了。

杯中小世界，山川花木情。茶可以是一种文化，也可以是一种休闲，更是一种审美，一种沉思，一种人生。茶召唤那骛驰于外的放逐之心，并引领我们趋于思的宁静。在品茶中修心，在修心中品茶。清而不浊，静而不滞，香而不乱，淡而不薄，此所谓真品茶。

二、饮酒的陶醉

酒字本来的写法就是酉。台湾的李敖先生在一篇文章中说，酉字竖着来看，就像打铁用的铁砧；横着来看，又像打铁用的风箱。清朝乾隆皇帝的时候，一个铁匠出生的大富翁建造了一幢大房子，想请名人题个名风光一下，于是找到编撰《四库全书》的饱学之士纪昀。纪昀暗笑发了财的铁匠也要附庸风雅，于是提笔顺手题写了“酉斋”二字。富翁欢天喜地地把这两个字捧回家，还逢人便夸说是大学士的手笔。可是当别人问他“酉斋”是何意时，他就愣住了。他查《康熙字典》，也不知所云，问别的人，别人也都纳闷。于是，富翁又找到了纪学士，纪昀知其来意，大笑着告诉他，字典里查不出这“酉”字的两个含义，因为这两个含义都只适合铁匠身份，一个就是打铁用的铁砧，另一个就是打铁用的风箱，“酉斋”自然就是铁匠居住的房子了。纪昀的题名，当然是对酉字的曲解，旨在讽刺铁匠的假装斯文。其实从字形上看，酉字的本意是酿酒的器具，下面是个缸，缸里面装有原料，缸外面是一个盖和搅动器，搅动生产出来的东西就是酒。

中国人饮酒，历史悠久。发明酒的人，传说是夏朝的仪狄，又有周朝的杜康之说，曹操有诗云“何以解忧，唯有杜康”。夏与周之间相距甚远，究竟谁是发明者，已经是一件无稽可考的事情了。酒的历史如此悠久，喝酒的人也就不少，酒对人类的历史生活的影响，自然也就不小。据说夏朝的皇帝桀不仅嗜酒，而且喜欢声色，沉溺于“酒池肉林”，最终亡了国。酒在中国历史上闯过很多大祸，所以我们可以看到很多警告喝酒的文献。《尚书·酒诰》中说“颠覆厥德，荒湛于酒”，它告诫世人饮酒要有德行，规定只有在祭祀时才能饮酒，平常少饮酒，以节约粮食；只有在有病时才宜饮酒；禁止民众聚众饮酒；禁止饮酒过度等。尽管有各种各样的酒德和酒礼的规范，人们还是喜欢喝酒，还是喝酒如故。

而酒与文人似乎有特别的亲缘关系。西汉的司马相如和孀居的卓文君敢于冲破礼教的束缚而重建家庭，文君当垆沽酒，相如则甘愿洗涤杯壶，最终白头偕老。这一美好的故事，拨动了后世多少文人墨客的心弦。东晋时的大诗人陶渊明也是极好饮酒的人，常常是“一觞虽独进，杯进壶自倾”。他晚年生活贫困，不得不靠朋友周济或借贷。他的好友始安郡太守颜延之来看他，并在临走时留下两万钱以帮助他解燃眉之急。可是当颜延之走后，他又将钱全部送到酒家，陆续取酒一喝了事。鲁迅先生曾说陶渊明随便饮酒、乞食，高兴的时候就谈论和写文章，这种无尤无怨的生活态度，是人生的一种自然的境界，一般人是学不来的。历史上嗜酒的文人，还常自取或被人赋予与酒有关的雅号，诗人李白就被人称为“酒仙”。杜甫在《饮中八仙歌》中写道：“李白斗酒诗百篇，长安市上酒家眠。天子呼来不上船，自称臣是酒中仙。”大概没有别的哪个文人嗜酒的名气，能和李白相提并论。“君不见黄河之水天上来，奔流到海不复回；君不见高堂明镜悲白发，朝如青丝暮成雪。人生得意须尽欢，莫使金樽空对月。天生我才必有用，千金散尽还复来。烹羊宰牛且为乐，会须一饮三百杯。岑夫子，丹丘生，将进酒，君莫停。与君歌一曲，请君为我倾耳听。钟鼓馔玉不足贵，但愿长醉不复醒。古来圣贤皆寂寞，惟有饮者留其名。陈王昔时宴平乐，斗酒十千恣欢谑。主人何为言少钱，径须沽取对君酌。五花马，千金裘，呼儿将出换美酒，与尔同销万古愁。”像《将进酒》这样壮丽的诗篇，可谓千古绝唱。郭沫若认为“李白真可以说是生于酒而死于酒”，可见酒就是李白的生命。宋代的欧阳修则自称是“醉翁”。他的《醉翁亭记》也是脍炙人口的名篇，“醉翁之意不在酒，在乎山水之间也。山水之乐，得之心而寓之酒也。”人和山水自然在酒中融为一体，酒成为了人返本归源、回归自然的信使。如果说酒成就了司马相如的安适、陶渊明的恬淡、李白的豪放和欧阳修的逍遥，那么酒也表达了苏轼的苦闷和李清照的忧伤。如果说苏轼的“明月几时有，把酒问青天”诉说了人生进退维谷的生存困境，那么李清照“常记溪亭日暮，沉醉不知归路”、“昨夜雨疏风骤，浓睡不消残酒”等心曲则浅唱低吟着一个贵族闺秀飘飘渺渺的多愁善感，而像“寻寻觅觅，冷冷清清，凄凄惨惨戚戚……三杯两盏淡酒，怎敌他晚来风急”这样柔肠寸断的叹息，不免又让酒杯也蘸满了国破家亡的孤苦与凄凉。

当然，酒也往往与愤世结合在一起，最为典型的代表是魏晋时期的竹林七贤。他们遭逢乱世，不满于朝廷，但喜怒又不能形于言色，因此只能终日以酒为乐。阮籍本有济世之志，只因魏晋之际，天下多故，因此他不再过问世事，而以酣饮为常，每次醉后便独自驾着马车，从不选择路径，等走到山崖尽处，便痛哭而返。刘伶更是一个嗜酒如命的人，《世说新语·任诞篇》中说，“刘伶病酒，渴甚，从妇求酒。妇捐酒毁器，涕泣谏曰：‘君饮太过，非摄生之道，必宜断亡。’伶曰：‘善，我不能自禁，唯当祝鬼神自誓断之耳，便可具酒肉。’妇曰：‘敬闻命。’供酒肉于神前，请伶视誓。伶跪而视曰：‘天生刘伶，以酒为名，一饮一斛，五斗解呈。妇人之言，慎不可听。’便饮酒进肉，颓然已醉矣。”刘伶还在他的《酒德颂》里勾勒了一个“以天地为一朝，万期为须臾，日月为扃牖，八荒为庭衢，行无辙迹，屋无室庐，幕天席地，纵意所如，止则操卮执觚，动则挈榼提壶，惟酒是务，焉知其余”的自我形象。据说有一次他脱了衣服和裤子在屋中醉饮，正值客人来访，刘伶便笑着问：“我以天地为宅舍，以屋宇为衣裤，你跑到我裤裆里来干什么?”愤世嫉俗、放诞不羁的个性跃然纸上。

尽管酒与文人在历史上有特别的亲缘关系，但是酒并不是文人的专利。在我们的日常生活中，有人喜欢喝酒，有人厌恶喝酒，也有人对酒不置可否，不管怎样，酒都是我们经常要打交道的东西。比如婚庆、节日和祭祀等都离不开酒。而日常生活中的饮酒，有群酣和独酌两种方式。不管是群酣还是独酌，其极端的情态是毫无节制的酗酒。酗酒不是豪饮，豪饮是英雄本色，所谓酒壮英雄胆。在豪饮者眼里，饮酒象征着勇敢、力量和一种道义上的承担。而酗酒则是嗜酒如命，嗜酒如命是酒徒的品性。人一旦嗜酒如命，就会失去对自我的控制。由于自我意识的泯灭，人的机智、智慧和灵敏等全都会丧失殆尽。于是，凭借于酒力的作用有人装疯卖傻，有人使气逞凶，也有人浑浑噩噩。装疯卖傻者可鄙，使气逞凶者可恶，浑浑噩噩者可悲。除此之外，酗酒的一大缘由就是快乐。酗酒是什么样的快乐？酗酒的快乐既不是心理上的快乐，也不是精神上的快乐，而主要是一种生理上的快感。酗酒的快乐作为官能上的快感，内心有如烈火的燃烧，并表象为一种本能的冲动。因此，这种快感往往与强制万物的欲望联系在一起。为了满足这种生理上的快感，酒成了刺激和满足欲望的工具，于是社会上就有了利用酒来进行各种交易的现象。多少达官贵人、凡夫俗子，都是酗酒乱性，或跌入情色陷阱，或聚敛钱财而不能自拔，或者为江湖义气而狼狈为奸。以吃喝为工具的酒肉朋友关系在当今社会就是一个非常令人注目的现象。联系酒肉朋友的纽带只是个人的欲望，由于个人的欲望相投，于是人们聚集在一起相互刺激和相互满足这一欲望。而当个人的欲望引起冲突发生的时候，人们就会把这一关系自行大白于光天化日之下。

尽管常人把酒一般视为一种欲望之物或者是刺激、满足欲望的一种工具，然而懂得喝酒毕竟也是人生的一种美妙享受。人们常说酒逢知己千杯少，酒也可以成为友谊的桥梁。友朋六七人，辅之以佳人相伴，酒酣耳热之际，可猜拳行令，抑或谈笑风生。一番酒后，衷肠互诉，相互的安慰和鼓励唤起了我们对美好生活的经验，人生还有什么烦恼的事情能敌过这酒中的真情呢？俗语说酒后吐真情，人生难得一回醉。朋友之间喝酒，不可自不量力，更不可强人所难，贵在率性而行。群酣不可以滥酒，醉也要有趣味，所谓酒不醉人人自醉，否则就与一般的酒徒酗酒没有任何区别。

如果说群饮的快乐在于一种热闹的气氛，那么饮酒真正的妙趣可能还在于独酌。一人独处，于花前月下，或书房斗室，自斟自酌，别有一番情味。“花间一壶酒，独酌无相亲。举杯邀明月，对影成三人。月既不解饮，影徒随我身。暂伴月将影，行乐须及春。我歌月徘徊，我舞影零乱。醒时同交欢，醉后各分散。永结无情游，相期邈云汉。”昔日李白月下独酌的诗篇，直接把人的在世存在引向了还乡的冲动和审美生存的期待。由此，饮酒还可以是一种审美的经验，但这是怎样的一种审美经验？

饮酒的审美经验就是陶醉。饮酒不是饮水，饮水仅仅是为了满足生理上止渴的需要，饮酒则不仅引起生理的变化而且导致心灵的麻醉或者兴奋。因此，饮酒不仅与身体相关而且与人的精神相关。但是并非所有的饮酒都会令人陶醉，因为真正的陶醉只能是清醒和梦幻的相遇以及二者之间的相互转换，其典型的形态就是宁静和亢奋。

陶醉的宁静乃是由于酒精的麻醉作用。人的神经因为麻醉会显得毫无动静，这时人不仅不能意识到自身的身体性的存在，而且也不能意识到自身的意识性的存在。伴随着意识对象的消失，意识自身同时也消失了，于是人的陶醉就完全显现为一种忘却的经验。对于饮酒的陶醉来说，这种忘却是物我两忘。一方面，人忘却了外物的日常存在。另一方面，人也忘却了日常之我的存在。饮者不仅忘却自己的身体，同时也忘却了自己的理智。这种物我两忘意味着对烦恼以及与之相关的种种不幸、痛苦和悲伤等的忘却，因此，心灵在陶醉的忘却中实现了对于烦恼的超越和生存的解脱。中国古人的月下独酌、山水醉卧等就是这种独特的充满诗情画意的陶醉方式。《庄子·达生篇》说："夫醉者之坠车，虽疾不死，乘亦不知也，坠亦不知也。死生惊畏，不入乎胸中，是故逆物而不慑。彼得全于酒，而犹若是，而况得全于天乎。"陶渊明《饮酒》诗也说："结庐在人境，而无车马喧。问君何能尔？心远地自偏。采菊东篱下，悠然见南山。山气日夕佳，飞鸟相与还。此中有真意，欲辩已忘言。"这些描述都表达了饮酒的经验是一种忘却的宁静。

如果说陶醉的宁静乃是由于酒精的麻醉作用，那么陶醉的亢奋则是由于酒精的刺激作用。随着酒精注入血液，人的内心仿佛烈火处于燃烧之中，身体的欲望冲动变得强大。身体的冲动导致了灵魂的活跃，由此人的情感变得激越，思维更加灵敏，意志尤其强烈。由于身体和灵魂的双重亢奋，人把自己提升到了仿佛与神同样疯狂而有力的境地。古希腊的酒神狄奥尼索斯在黑夜中游荡，就是为了专门赐给人以亢奋的陶醉。这种陶醉不是忘却而是生命力的充溢之感，是创造力的勃发，这是因为狂饮的酒神健壮、有力和充满了创造的激情。伟大的创造者同时就是伟大的破坏者，疯狂的酒神的破坏必须在伟大的创造的意义上来理解。酒神可以凭借于他那狂飙般的激情摧毁现成世界上牢固的一切，同时他也可以凭借于他那无与伦比的创造力在这人世间创造出辉煌壮丽的宏伟诗篇。尼采洞见到了酒神既是一切艺术活动的源泉，又是一切审美活动的根源。他把酒神视为自己精神的源泉，并倡导只有作为一种审美的现象，人生才有存在的理由。

宁静和亢奋作为陶醉的两种典型的情态看似相互矛盾，然而二者共同通向了审美。宁静是亢奋的宁静，亢奋是宁静的亢奋，二者如同静水深流，平静的表象深处是激流汹涌。真正审美的陶醉既超越了日常生活感觉的狂躁与不安从而让灵魂得以复归于波澜不惊的宁静，又超越了道德生活感觉的压抑和沉重从而使心灵得以展示自身激情汹涌的高蹈。饮酒的快乐正是宁静和亢奋的陶醉，此陶醉作为审美的经验是身心解放的自由的欢乐，这种欢乐也是切己的无言的欢乐。对于善于饮酒的人来说，能饮出品味，饮出精神，饮出陶醉，这何尝不是人生的一大快乐！

三、养花的情趣

禅宗上说，禅是我们的本来面目，是当下的活泼泼的生命。禅是内心的宁静，是最深的自我。禅是两种生命力量的相反相成，是宁静中的跃动，是自我和大我的情智同流。我们于无思无虑之中与禅相遇，在那不可思议的第一义中超越了平常的小我。禅没有自我否定的不安，也没有自我分裂的痛苦。它在清净上立住本心，并在本心清净上拓展为天地万物之情。古人所追求的那种直接与天地万物同流的境界，也即有禅的意境。所以，我们一旦守住了我们自己的本心，就能在一花一木中看到天地万物大化流行的生命，看到小我即是大我，看到我心即是天心。反之，若能在一花一木中看到天地万物大化流行的生命，同时也就能把握到我们的本真。也许这也是养花的意义，花房即是禅房，养花即是养心。

谈到养花，自然想起了俞吾金老师在《散沙集》中讲的一则寓言：

夜深人静，窗台上的两盆牡丹花竟然悄悄地谈起话来。

“请问姐姐，仙乡何处?”

“山东菏泽，你呢?”

“我？哈哈，我的出生地是上海塑料厂。”

“什么？我真是瞎了眼，你竟是假花!”真牡丹生气了，“怪不得色泽黯淡，一点香味也没有。主人真糊涂，怎么会把我们放在一起?!”

“哼，你居然瞧不起我。花盆上可标着价钱，我并不比你贱!”假牡丹也生气了。

“你不低贱，谁低贱?你没有生命，没有灵魂，没有性格，没有香味，你是假的!”

“哈哈”，假牡丹开怀大笑，“正因为这样，许多人才喜欢我。我不要水，不要空气，更不要肥料，统统不要！你呐，虽然有生命，有灵魂，有性格，有香味，但有几个人看重这些。告诉你，主人今天把我买回来，就是要取代你。”

真牡丹听了，禁不住一阵寒颤。这时候，天气变了，一阵狂风突然袭来，“哗啦”一声，花盆都摔到地下。真牡丹被摔得枝断茎折，奄奄一息，连花瓣都震下来了，散发出一阵幽幽的清香；假牡丹却完好无损，就像什么事情也没有发生过似的。被惊醒的主人从地下捧起假牡丹，放到窗台上，自言自语地说："还是假的好。"

《牡丹夜话》哲思隽永，寓意曲折，读罢令人会心一笑，掩卷又情不自禁让人若有所思。弄假成真，似是而非、似非而是的事情在生活中多着呢。假的东西、技术化的东西也可能有它的价值，不仅如此，它在自身的边界范围内，还有不可取代的自足的价值。但是，似是而非的东西，不管它有多么大的自足的价值，一旦超越自身的边界，像来自上海塑料厂的牡丹对来自山东菏泽的牡丹理直气壮地宣布"就是要取代你"一样，就非常值得怀疑了。而我们的判断，在某些时候也许就像那个睡眼惺忪的主人在半梦半醒之间的自言自语。但是，对于一个真正爱花、赏花的养花人而言，想必不会如此了然无趣吧。

显然，养花与插花有本质的不同。插花作为一种技术的活动，它是以手为工具的一种身体的行为。始终被人的手所规定的这样一种技术活动，当然也可以升华为一种艺术的活动，在展示娴熟的技艺的同时，充分地显示出艺术的想像力和创造力。但是，这种技艺的活动所面对的始终是某种材料的编织。这些材料可能是时鲜的花枝，也可能是人工的塑料花枝。和一个整体的生命相比较而言，这些材料是不真实、不完整的。而插花作为技术或艺术的活动，也就是要把这些东西编织起来，赋予这些材料以形式，让那不真实和不完整变得好像是真实的、完整的，也就是看起来是美的和有生命的。不可否认，高明的艺人仿佛有一种妙手回春的特殊本领，总是让那些看似零碎无用的花枝，变得摇曳多姿、活灵活现。但是，这仅仅是一种生命的幻象而已。这种生命幻象在本质上是一种艺术的真实，而非生命本身的真实。当然，幻象也有美的表现力，但是就插花艺术的幻象而言，它与那些鲜活生动的真实花木有本质的不同。前者是空中楼阁式的设置，后者是扎根大地的生命涌动。真实的花木可以远观也可以近赏，它那生命的涌动仿佛宁静的夜曲，悠悠的派送阵阵花香。所插的花却只能远观，不能近赏。我们远远地观赏它的时候，它有形有色，粲然生动。而当我们走近它的时候，它却细闻无香，寂然无声。我们一旦分辨出插花的艺术虚幻与花木的生命真实这一区分，马上就会大失所望，并迅速从它艺术幻象的真实中跌入现实生命的虚幻里。

养花更不是养假花，有如《牡丹夜话》的主人。插花创造了生命的幻象，但是它自知自身的边界，并承诺力图固守自身的边界。它把自身看做是艺术的装饰，所以它并不极力去标榜自己生命的价值，而是安静地处身于花瓶或花篮之中，处身于它原本所属的那个世界之中。正是基于这样的自我意识，它获得了无比耀眼的艺术尊严，并为那些艺术化的心灵和一切爱美的人所由衷地赞赏，尽管它或许并不需要这些赞赏。假花却没有这样的自我意识，它知道自己生命的空洞，但是它却极力把自己明码实价化，以此抬高自己生命的价值。于是，尽管它没有生命，没有灵魂，没有性格，没有香味，它却理直气壮地立于花盆之中，并且打扮出各种自以为是的笑容。它还为自己的坚强沾沾自喜，因为对于一切的严寒和酷暑它都无所畏惧，它甚至也不怕任何跌打和损伤。它制造了种种假象，来博取人们的欢喜，并牢牢地控制住那些趣味平庸却附庸风雅的主人。其实这样的花根本就不需要人们的关照，所谓的养假花是一个自相矛盾的名词，因为它不需要任何的养料，它拒绝人们给它提供任何的空气、水和阳光。

真正的花，不仅脚踏实地，而且闪耀着生命的光华。

花有生命的色彩。在生生不息的大自然中花卉的色彩最动人、最灿烂、最丰富。白色的纯洁晶莹，红色的热烈兴奋，紫色的高贵典雅，黄色的活泼光明，蓝色的清冷沉静。自然明媚的各种花色，能丰富我们苍白的日常生活和黯淡无光中的灵魂。

花有生命的芬芳。花香有浓淡清远：浓香的陶醉是一种令人无法拒绝的美；淡香妙在素朴自然；清香则沁人心脾；远香若有若无却令人心旷神怡。俗语说香花不美、美花不香，如果赏色与闻香难以两全，品香自然有取舍。对于养花爱花的人而言，天然的花香，远胜脂粉的气息。

花有生命的姿态。花之气象，如妙龄女子，仪态万千。如荷花之端庄，兰花之俏丽，牡丹之雍容华贵，水仙之清秀飘逸……

花有花的性格和灵魂。牡丹花颜色鲜艳，花朵也特别大。它的艳丽，代表一种感性的充实，是富贵和快乐的一个象征。梅花则不然，它是属于精神性的存在。梅花的高傲，犹如那清贫而宁静的学者，又犹如那拒绝与庸俗相处的诗人。“零落成泥碾作尘，只有香如故”，这是学者和诗人自身的写照，也是梅花自身的表白。菊也是诗人的所爱。陶渊明最爱菊，“采菊东篱下，悠然见南山”。总是在深秋时节怒放的菊花，有一种冷香和冷艳的美。莲花自成高格，宋儒周敦颐就颇为欣赏莲出淤泥而不染的君子风度。与牡丹的艳丽、梅之高洁、菊之冷艳和莲之独善其身都不相同的是，兰花有其独特的美。当我们谈论到一位轻视功名、遁迹深山的伟大学者，或者是一位娴雅宁静的美貌女子，大概总要称之为空谷幽兰。兰花的美是隐僻的美，因为她常常在人迹罕至的深山幽谷里自开自落。她有孤芳自赏的美德，她决不轻易走出自己的山谷，即使来到车水马龙的都市，她也有自己生活的要求。你必须按照她的条件来栽种，否则她宁可在凋零中结束自己的生命。兰花的矜持，把生命的美提炼成为绝对的自我。清人沈复在他的《浮生六记》中曾说："花以兰为最，取其幽香韵致也，而瓣品之稍堪入谱者不可多得。兰坡临终时，赠余荷瓣素心春兰一盆，皆肩平心阔，茎细瓣净，可以入谱者。余珍如拱璧。值余幕游于外，得芸亲为灌溉，花叶颇茂。不二年，一旦忽萎死。起根视之，皆白如玉，且兰芽勃然，初不可解，以为无福消受，浩叹而已。事后始悉有人欲分不允，故用滚汤灌杀也。后此誓不植兰。"把自我生命的完整性视为高于一切的价值，兰之可贵，令人想起匈牙利著名诗人裴多菲的诗句"生命诚可贵，爱情价更高。若为自由故，二者皆可抛"。

我们说真正的花，不仅可以远观而且可以近赏。只要给予它一点点水和养料，给予足够的空气和阳光，我们就能分享它明媚的色彩和天然的芬芳，就能欣赏它仪态万千的姿态和与众不同的灵魂。它的幽香能令我们心旷神怡，它的明媚让我们的心灵充满了阳光。它用美的姿态和美的灵魂审视我们的内心，它以宁静化解我们生存的焦虑，它让我们在孤独时拒绝空虚。养花的一大乐趣，就是在稀松平常的日常生活里，常常带来意想不到的生命的惊喜。

宋代理学家极善于体察天地万物之情，他们大都有很高的审美修养和审美情趣。写《爱莲说》的周敦颐喜欢“绿满窗前草不除”，当人们问他为什么让那些杂草乱七八糟地生长和蔓延时，他说“欲观天地生物气象”。此天地生物气象就是天地万物的生命状态和生命意味。自然界本身是生生不息的，它的生生不息使得万物充满了生意，世界同时也就成为一个充满情趣的世界。就在那些疯狂生长的杂草中，周敦颐看到的不是草的杂乱不堪的景象，而是天地万物生气蓬勃的生意，是一个充满生命情趣的世界，是生命的美。养花就和周敦颐的“绿满窗前草不除”一样，在花的色香形韵之间，我们看到的同样有天地万物生生不息的大美。哪怕是微不足道的一株小花，当它抽出第一颗嫩芽，孕育出第一朵花蕾，你会获得众多无言的惊喜。或许你并不经意，但它却在不知不觉中早已生气勃勃，生意盎然，带来了宇宙生命大化流行的消息。

因此，如果真正爱花和养花，就不在于花的名贵与普通，而在于对生命的一种呵护和感悟。大凡人世间爱花的人，无不陶醉于鲜花盛开时的美丽。为了尽情地享受它生命中最华美、最精彩的片刻，人们经常会从花店里挑选出各种时令的鲜花，欢天喜地地拿回来插在自家的花瓶里或者赠送给亲朋好友。但是这样一些爱花的人们，对于那些被拦腰折断的花枝并无生命的关爱和痛惜。他们只知道拼命地换水和浇水，以此来剥夺那美丽却娇柔的生命，直到它叶残香消、奄奄一息，然后毫不留情地把它扔到垃圾桶里去。而真正爱花的人，则是那些懂得养花的人。他们不仅爱鲜花盛开时的美丽，而且爱它的一生。从小小的花苗开始，他们辛勤地浇灌它，亲切地注视它，耐心地等待它，精心地呵护它，真诚地牵挂它和深切地疼惜它。于是，它的生长，它的绽放甚至它的凋零，无不牵动养花人的喜怒哀乐和悲欢离合。正是这种朴实无华的感同身受，使得养花对于人们的生活有了特别的意义。对于真正爱花的养花人来说，花成为了他生命的一部分，好像花就是他自己，他自己就是所养的花。基于这种生命同属一体的真实关联，养花就不是附庸风雅的摆设，而是生命的沟通和对话。

养花看起来仅仅是丰富我们日常生活的一种手段，实际上它是我们心灵的一种延伸和充实。我们在养花的同时，不仅看到了花的美，也看到了生活与生命的美，看到了生气勃勃的天地之大美。叶朗先生说，一个人若能学会观天地之大美，那么他在生活中就会处处充满着美感，在他疲劳的时候就有了安慰，在他挫折的时候也得到鼓舞，他的人生就有可能成为审美的人生。观天地生意，悟审美人生，这恐怕就是养花最大的乐趣吧。

四、读书的欢愉

古训说“万般皆下品，惟有读书高”，足见读书在人们心目中的地位。但读书究竟高在什么地方？按照前人的讲法，最为重要的可能是涵养性灵。读书在根本上是一种心灵的活动。读书使人增长见识、心地变得澄明高远，所以读书向来被称为一件高雅快乐的事情。但是今人读书，恐怕事情并非如此简单。对不少人来说，读书已经并不是一件快乐的事情了。即使是那些不惜代价、想方设法争取读书机会的人，大多也不是为了享受读书本身所带来的那种切己的身心欢乐，而仅仅是看到了读书的结果能带来其他各种利益的满足。除了那些为读书而读书的莘莘学子，今人读书，大多惟文凭是尚。有为攫取政治资本者，所谓学而优则仕；有为将来赚大钱者，所谓书中自有黄金屋；也有为婚姻家庭而谋划者，所谓书中自有颜如玉，在男为娶美女，在女为嫁贤婿……种种情形，实际上都是把读书看成了一种手段和一个跳板。于是，读书成为一种名副其实的“技”，即工具，工具总是和目的相联系的，而头衔、政治资本、金钱和俊男美女，作为读书的目的在本性上都是一种欲望的表达，正是这欲望而不是思想和智慧成了大多数读书人的潜在动力。如此读书，把读书本有的高雅追求淹没于名利的追逐之中，怎么还会有读书的乐趣呢？

但我们现在所谈的不是被技和欲的思想所规定的读书，而是一种休闲式的看书、读书，是无论在校或离校、教师和学生、商人和官员以及市民等在空闲时都能做到的读书，这也是真正自由自在的看书、读书。这样的读书，不假外求，而是为了开启茅塞，除去鄙见，获得新知，增加学问，扩展见识，涵养性灵。想象一下我们怡然自得地坐在窗前，外面阳光明媚或者也不妨下着蒙蒙细雨，手里捧着自己喜爱的读物读书的情景，还有比这更浪漫的事情？还有比这更美妙的欢乐？

在闲暇之余读书，自然是一件轻松惬意的事情。但是并不是任何所读之书都能自然而然地给人带来欢乐，因为书有良莠，而人也各有所好、各有所需。正如依靠摄取食物维持肉体生命的存在一样，通过阅读人过着精神方面的生活。然而身体只吸收能够被消化的食物，同样读者也只能热心于他所感兴趣的东西，也就是符合他的思想追求或生活目标的东西。在特定的时代，曾经是无书可读，而现在各种图书充斥书市，泛滥成灾。不少撰书者不是引导读者追求高尚的趣味和修养，而是引诱他们以读新书为时髦。平凡的作品像杂草一样每天都在蔓延，这些无价值的东西往往在几年之后被淘汰，实际上它一出世就应该被遗弃，只能作为人们茶余饭后的笑料和谈资。因此，对于善于读书的人，决不滥读是一件很重要的事情。通俗的作品刺激感官，而坏书是灵魂的毒药，此类书籍读得越少越好，而好书则多多益善。但是，即使是有助于追求高尚的趣味和修养的好书，也是浩如烟海，而人的生命短暂，时间有限，所以读书也要择善而从，否则徒增望洋兴叹的烦恼。一个人究竟该读什么书，无必然标准，即使是名家学者推荐的各种必读的经典，也未必是他人的所爱。闲暇读书，大抵率性而行比较符合实际，所谓兴趣是最好的老师，它引领我们去享受读书的快乐。林语堂先生认为兴趣和有味是一切读书的钥匙，并主张读书须先知味："这味字，是读书的关键。所谓味，是不可捉摸的，一人有一人胃口，各不相同，所好的味亦异，所以必先知其所好，始能读出味来……口之于味，不可强同，不能因我的嗜好以强人。先生不能以其所好强学生去读，父亲亦不得以其所好强儿子去读。所以书不可强读，强读必无效，反而有害，这是读书之第一义。有愚人请人开一张必读书目，硬着头皮咬着牙根去读，殊不知读书须求气质相合。人之气质各有不同，英人俗语所谓'在一人吃来是补品，在他人吃来是毒质'。因为听说某书是名著，因为要做通人，硬着头皮去读，结果必毫无所得。过后思之，如作一场恶梦。"所以，这个世界上没有一本书是每个人所必须阅读的，一个人只是在特定的时间、环境和年龄有他只为求得高兴而必读的书。假如一个人以要有所获益的严肃心情拿起书来读，专心去念别人告诉他应该要看的书，想必他的心情就会因为害怕某些地方不得要领而充满顾虑，那样就很可能得不到任何乐趣。反过来，假如他丢下他不喜欢的书，然后轻松地去读那些对他有意思的书，他就必然会毫不费力地经由阅读而达到更透彻理解的地步，同时也就可以自得其乐了。

人们一般认为，读书有时间、地点和心境的讲究，比如在星光灿烂的宁静之夜与阳光明媚的欢闹之晨读书，完全可能有两种不同的感觉和体会。但是，如果读书真的是以兴趣为根本的话，种种客观的条件都不能成为挑剔读书的理由。如果我们不爱读书的话，一年四季都不会去读书，恰如谚语所言：春天不是读书天，夏日炎炎正好眠，秋有蚊虫冬有雪，收拾书包过新年。其实，如果我们以读书为乐的话，则一年四季都是读书的好时光。宋朝的大学者欧阳修曾自认读书写作时有三“上”：枕上、马上、厕上。曾国藩在他的家书中曾经告诫他的幼弟说：“苟能发奋自主，则家塾可读书；即旷野之地，热闹之场，亦可读书；负薪牧豕亦可读书。苟不能发奋自主，则家塾不宜读书，即清净之乡，神仙之境，皆不能读书。”看来读书也并没有环境的过分讲究。闲暇时读书，只要手边有一杯清茶或者是饮料，有一份轻松宁静的心境就是最好的读书环境了。有了一份轻松宁静的心境，就不会嫌板凳太硬，或怪外面的声音太嘈杂。没有了这些挑剔，阅读的快乐才可能真正得以产生。

那么，阅读的快乐是怎样的一种经验呢？我们知道，读书就是看文字的过程。一个一个的文字组成了语词，单个的语词组成句子，句子组成了段落和篇章。有人认为这些文字只是一些符号的集合，它们如同枯骨一样既不是具有生命的存在，更不是那些不可言说的事情本身。在中国古代“言不尽意”的反语言传统里，庄子就曾经通过匠人之口指出古人留下来的书籍文字完全只是糟粕而已。如果事情完全像庄子所说的那样的话，自古及今没有一本书能逃脱糟粕的命运。但事实上，那些文字和文本可能是富有生命的存在。那些无声的文字可能就是有声的活的思想，它曾经言说并正在言说而且还要继续向我们言说。那已经言说的是完成了的历史话语，而那正在言说和将要言说的是有待生成的话语。这些文字作为话语，敞开了思想的空间并激起了阅读者的言说。因此，真正的阅读就是读者和文本之间的一次生命的对话。

阅读既然是一种对话，那么它就区分于独白。这就是说读书既不是阅读者对于文本任意独断的歪曲，也不是书本自身的自言自语的言说。然而在我们的阅读经验中，首先和大多是这样的一种习惯即书本的独白代替了我们自己的思想。这种阅读经验表明，我们只不过是在重复他人思想活动的过程而已，我们的头脑实际上成了别人思想的运动场。这样，不是人在读书而是书在解读人，读者自己变成了真正的看客、局外人，而不是对话中的主角。当我们不假思索而信手拈来式地读书时，当然会觉得很轻松，但是这样不假思索地读书，虽然可以休养精神，而我们的思维能力必将逐渐变得迟钝直至完全丧失。因为读书而不加以思考，决不会有心得，即使在读书的过程中有万千感慨，觉得体验深刻，实际上只不过是受到浅薄而不生根底的幻象的蒙蔽，良好的感觉大抵在不久之后就会被遗忘得一干二净了。这样，读书越多，人不但不会变得聪明反而可能会变得更加愚蠢。由于不假思索的轻松的缘故，于是经常手不离书，一有闲空就看书。这种做法会使人的精神变得甚至比做手工劳动还更加麻痹，因为在做手工时毕竟还可以审视自己的技艺，思考自己如何把事情做得更为完美。如果自己不加思考，一个人读书越多，他的脑海就会像一块密密麻麻、重重叠叠、反复擦写的黑板一样，真正留存给自己的活的东西会变得越少。德国著名哲学家叔本华说："被记录在纸上的思想，不过是像在沙上行走者的足迹而已，我们也许看到他所走过的路径；如果我们想要知道他在路上看见些什么，则必须用我们自己的眼睛。"这眼睛当然不仅仅是指一双肉眼，而且更重要的是第三只眼睛即心眼。我们的肉眼看到的是白纸黑字的符号，心眼看到的则是文字符号背后的真正发生着的事情和思想本身。

因此，真正的阅读就是书本和人同时在场的对话。笛卡儿说："读一切的好书，就是和许多高尚的人谈话。"在对话中，被阅读的书本不是文字符号的简单集合，而是一个有别于读者的他者，这个奇异的他者有一个尚未揭开面纱的神秘世界，这个隐蔽的世界充满了吸引力，它召唤阅读者到场并与之展开无声的对话。阅读作为一种对话关系，读者和书本首先是有差异的、陌生的，没有差异就是自我的同一反复，没有陌生性也就不会激起任何阅读的兴趣。读者和书本也是平等的，没有双方的平等，任何一方的话语霸权都会导致自说自话。因此，真正的阅读就是彭富春先生在《读书的欢乐》中所说的"倾听和言说的同一”。阅读一方面是倾听，它要求人们在阅读的经验中必须首先放弃自己言说的权利，而专注于书本自身所言说的话语，看看书本究竟言说了什么。阅读另一方面是读者的言说，此言说就是读者对于书本的理解和解释。当然，任何一种理解和解释都不是对于书本一成不变的复制，而是阅读者基于自己的理解对于文本所言说的思想和事情的回应。由于回应的不断展开，就形成了一个个新的语言话题，这些话题作为一种思想的经验正是阅读活动的产物。

前面我们谈论了兴趣作为读书的标准，也探讨了读书的活动是读者和文本之间的一次平等的对话。那么，作为对话的读书其欢乐究竟何在呢？培根说：“读史使人明智，读诗使人聪慧，学习数学使人精密，物理学使人深刻，伦理学使人高尚，逻辑修辞使人善辩。总之，知识能塑造人的性格。”罗素说：“知识是使人类快乐的主要因素。”好的书籍凝聚了人们对于自然、社会和人生的知识，读书的快乐首先是追求知识的快乐。这种快乐不是物质欲望得到满足的自然性的快感，而是超越了感官快乐与物质快乐的精神性的愉悦体验或幸福感。知识带给人快乐，这种快乐的本质乃是因为对社会、自然、历史、人生的洞见所获得的自由感。人是有局限的存在者，人生在世难免会经历许多的困惑和遭遇无处不在的限制。虽然枷锁无处不在，但人又生来渴望自由。获得自由的重要途径是人努力去创造与把握知识，正确的知识能产生自由，因为它能把人从无知的偏见中解脱出来。自由是精神的空间，物质世界是有形的因而也是有限的，精神空间是无形的因而也是无限的。所谓比海洋更宽广的是天空，比天空更宽广的是人的心灵。人的精神空间的大小，与知识的多少密切相关。智者无惑，人只有获得对自然、社会和人自身的深刻认识，才能有自由，即只有获得对客观世界和主观世界的知识，我们才能超越有限走向无限，才能随心所欲而不逾矩，才能真正获得快乐。海伦·凯勒从小双眼失明，当她有一天终于借助于语词理解了她身处的世界时，内心的快乐无法形容。这正如德国的哲学家卡西尔所描述的那样："她懂得了，词的用途不仅是作为机械的信号或暗号，而是一种全新的思想工具。一个新的天地展现在眼前，从今以后这个孩子可以随心所欲地漫步在这无比宽阔而自由的土地上了。"知识给予我们一片广阔自由的精神大地，拥有知识才能获得心灵的自由和恒久的幸福与快乐。

读书不仅带给人拥有知识的快乐，阅读的过程本身就是一种审美的经验。朱熹《四时读书乐》说春季"读书之乐乐何知，绿满窗前草不除"；夏季"读书之乐乐无穷，拨琴一奏来熏风"；秋季"读书之乐乐陶陶，起弄明月霜天高"；冬季"读书之乐何处寻，数点梅花天地心"，这表明阅读本身的确是一种无比快乐的审美经验。

那么，阅读究竟是怎样的一种审美经验呢？我们的日常生活，大多是混沌、朦胧而没有区分的自然状态。除了混沌朦胧之外，焦虑和无聊也是我们日常生活的两种常态。焦虑的经验似乎是我们被时间追赶，因为没有时间而感到紧张和烦躁不安。同时，因为人们所焦虑的事物既可能是人所不能拒绝的，又可能是人所无法企及的，所以焦虑显现为一种不可捉摸和无法左右的强大力量的压迫感。无聊似乎是我们在追赶时间，我们有时间却不知道如何填充这太多的时间空白。无聊不是什么都没有，相反是什么都有，惟独没有存在的意义，没有生活的趣味。阅读可以说也是人的一种生活方式，特别是在闲暇时候的读书，构成了现代人生活的重要内容。但是，阅读却不同于一般的日常生活，它是日常生活经验的中断。当我们拿着一本心爱的读物阅读的时候，我们已经和日常的世界构成了分离。与日常生活世界相比，书本本身就是一个文字的世界。文字的世界作为一个非现实的理想的世界，它拒绝了日常生活的焦虑和无聊，同时也超越了日常生活的混沌和狭隘。比如读但丁的《神曲》，一个在尘世的人可以在轻松和充实的心境中认识天堂和地狱。读吴承恩的《西游记》，一个最现实的人也能像孙悟空那样可以上天入地。一个没有读书习惯的人所接触和交谈的往往只限于少数相识的人，他的见识也只限于身边一个极小的环境。如果这个环境是一个沉沦的世界，那么它就如同一个小监狱，令人无法脱身。但是他一旦读了书，并且读的是一本好书，他便立刻可以和世界上最好的谈话者接触，便立刻走进了一个不同的天地。阅读是带领我们走向理想世界的门户，法国作家阿兰把阅读视为美梦的补偿：“读书与做梦的不同之处在哪里呢？有时候我们感觉做梦是愉快的，于是几乎就不去读书。而当做梦的可能性被某种原因破坏时，读书便成了补救的良药。”日常生活经验的中断、理想世界的跨越，所带来的就是陶醉的欢乐，入迷和出窍是其典型的两种情态。入迷是人被书写的世界所吸引而完全沉入其中，出窍则是因为书中的世界把人的灵魂远远地带离了他的身体以及他所在的时空。由于入迷和出窍，人们从日常生活世界超脱出来，陶醉于书本。这种陶醉感甚至会形成一系列的身心活动，手舞足蹈、自言自语和拍案叫绝等就是鲜明的例证。

对于阅读的审美经验，林语堂先生在《生活的艺术》中说：“在十二个小时中有二小时能生活在一种不同的世界里，使我们的思想离开一下目前周遭的牵制，这当然是足为一班被束缚在他们的肉体的范围中的人们所妒羡的一种特权。这一种环境的变易，在心理上的影响说起来，委实是同旅游一样的。”阅读的快乐不在于人家告诉了你什么，而在于你的心灵得以如同旅游一般自由自在地舒展开来。阅读是一种心灵的享受，多少有点像身体的运动，你的热心、知识和敏捷与之都有密切的关系，所以读一本好书如同一次身心的远游，其心灵上的快乐自不待言。而宋代诗人兼书法家黄庭坚则说：“人不读书，则尘俗生其间，照镜则面目可憎，对人则语言无味。”黄庭坚所说的“可憎”，不是指容貌的丑陋。丑的容貌也可以具有一种动人之美，而好看的脸也可能变得非常可憎。黄庭坚的意思可能是说，读书可以养成一个人仪容上的可爱与谈吐的有味，这当然是因为深刻的思想塑造的结果。因为读书如同是与那些有智慧的作者交友，与那些高尚的心灵同游，于是在阅读中我们不知不觉地受其熏染，最终气质被改变，胸襟得以扩展，脸上自然就透露出一股清纯爽朗的书卷气，谈吐自然也就高远不俗，正所谓“腹有诗书气自华”。反过来说，人不读书，则可能陷身于世网尘劳，困厄于名缰利锁，苦恼心烦，自然面目可憎，加之见识狭隘，情感粗糙，他的语言就只能是粗俗无味了。无独有偶，美学家朱光潜先生也有类似的主张，他说读书的主旨在于了解人情物理，变化气质。由此可见，自古以来的文人、学者对读书意义的看法还真是“英雄所见略同”。

亲近自然篇

一、倾听自然

据《世说新语》记载，顾恺之游览会稽回来，他告诉人们，那里的风景是“千岩竞秀，万壑争流，草木蒙笼其上，若云兴霞蔚。”这短短的诗一般的描绘，让我们深深体会到了大自然自身所蕴藏的那穿越了时间和空间的永恒的审美意义。山川之美，古来共谈，自然美可以说是人类永恒的话题。叔本华说：“大自然是多么的富有美感！每一块荒芜、野生、完全未经种植亦即听其自然的地方——哪怕这只是很小的一块——只要不受到人爪的亵弄，就会马上被大自然以最雅致、讲究的方式装扮起来，饰以花草植物；这些花草植物从容不迫、自然而然的风韵，以及优雅的布置和编排显示出这些东西并不是在人们膨胀的自我的严厉监管下长成，而是听从了大自然的自由调遣。”事实上，只要走进大自然，我们不仅可以看到这种诗意的精致的创意，还可以直接领会到大自然伟岸无边的创造力，那亘古雄伟的高山、汹涌奔腾的大河、壮丽辉煌的日出和辽阔无边的草原就是明证。大自然以它自身特有的方式，不仅创造了天地之间一切崇高和优美的事物，而且也创造了种种生命的奇观。大地上的万千植物和走兽，天空中的飞禽，海底的生物，还有一个在我们视线之外的生机勃勃的微生物的世界，所有的这一切，无不体现大自然的生生不息。当人类那渺小的自我走进这浩瀚无边的自然的时候，除了震撼和惊喜之外，还能言说什么呢？

柯林伍德在总结希腊人的自然观念时指出，在希腊人的眼里，“自然界不仅是一个运动不息而充满活力的世界，而且是有秩序的和规律的世界，他们理所当然地就会说，自然界不仅是活的而且是有理智的；不仅是一个有灵魂或生命的巨大的动物，而且是一个自身有心灵的理性动物”。显然，希腊人是从“人”这个小小的理性动物来反观和审视大自然这个充满活力的巨大理性动物的。中国人对大自然的经验，似乎人情味更为浓烈。在中国人的集体无意识里面，大自然就是一个伟大生命的原型，它同时是宇宙万物和人的生命的本源。基于此，前人常常由衷地赞美天地那无私的化育和馈赠，赞美天地的大德是“生”。这个“生”，被老子经典地表述为大道，所谓“道生一，一生二，二生三，三生万物”。大道创生万物，却并不主宰万物和把万物据为己有。这个创生万物的大道，在创生万物的同时就已经反身而去，自行遮蔽，所谓“道可道，非常道”。同样，古希腊自然母亲的神庙上也刻写着这样的箴言：“我是一切现有的、曾有过的和将要有的，我的面纱没有任何有死者揭开过。”于是，当我们被大自然的美深深震惊，并试图去解开它的奥秘的时候，大自然却保持了无言的沉默。梭罗说：“大自然从不发问也不回答凡人的问题，她早就下定了决心。”

毫无疑问，自然只有在人类的世界之中才能显现，但是另一方面，自然又被人类的世界所深深地遮蔽。自然为何下定决心要沉默？或许因为我们总是隔着我们自己的面纱看自然。人们对自然的审美欣赏，有意无意之间，总是理所当然地把自然的本色纳入了自己主观生活情调的粉饰。我们常常自以为自然界中美的事物只有作为人的一种暗示、象征才会有美的意义，就像车尔尼雪夫斯基所言，“人一般的都是以所有者的眼光去看自然，他就觉得大地上的美的东西总是与人生的幸福和欢乐相连的”，所以“在某种程度上，植物的响声、树枝的摇荡、树叶的经常摆动，都能使我们想起人类的生活来”。最为典型的是，我们可以在中国古代诗歌里看到表现人类自身生活情调的种种田野牧歌式的自然风光。但是问题在于，这些田园之美，大多只不过是一种理想化的生活情调的主观倾诉，并非自然事物的本色之美。对自然本色之美的人为的遮蔽，更为突出地表现为把自然事物视为人的某种道德情调的象征。康德认为，在欣赏自然美时的感觉“不仅仅允许感性的情感，而且也允许对感觉的这些变相的形式所进行的反思，因而仿佛含有大自然带给我们且似乎具有某种更高意义的语言。所以百合花的白颜色似乎使内心情调趋于纯洁的理念，而从红色到紫色的七种颜色按照其次序则使内心情调趋于崇高、勇敢、坦诚、友爱、谦逊、坚强和温柔这样一些理念”。在中国传统美学思想中，也有“比德”之说，最为著名的莫过于孔子“知者乐水，仁者乐山”的审美判断。朱熹对之诠释为“智者达于事理而周流无滞，有似于水，故乐水；仁者安于义理而厚重不迁，有似于山，故乐山”。事实上，对于纯洁无瑕的百合花、生动活泼的流水和巍然屹立的高山，任何道德的判断都无法切中它自身所具有的美的本色和内涵。自然物向能够静观它的每一个人呈现出亲切的面容，就在这个面容当中，人可以认出他自己的形象，但是他自己的形象并不构成这个面容本身的存在。在对自然的审美欣赏中，人几乎不可避免地要把自己对象化和把自然人化，但是人为的过度审美诠释，往往会弄成以人的小美取代自然的大美的局面，恰如大文豪歌德所言：“人从广阔的世界里给自己划出一个小天地，这个小天地就贴满了他自己的形象。”

技术化的思想对自然美的欣赏来说就更为扭曲。自近代以来，随着西方科学技术的进步和人的理性意识的膨胀，自然不再是古希腊所理解的有秩序的整体和有心灵的理性动物，也不是中世纪所理解的上帝的作品，而是一个可以被人认识和设计的对象。这个失去了秩序、心灵的自然，俨然变成了一些物质材料的堆积，正如怀特海在《科学和近代世界》中所指出的那样：“自然界是枯燥无味的，既没有声音，也没有香气，也没有颜色，只有质料在毫无意义地和永远不停地互相碰击着。”另一种认识论观点则认为大自然在外观上看起来是美好的和壮观的，但是认识它则是可怕的。因为自然所教导的是残忍的利己主义原则，生命之间的互相残杀使得自然自身变得毫无价值和意义。自然自身没有意义，自然只是可以被人类所不断采掘和利用的工具。

显然，无论是在自然的人化还是技术化的思想方式里，自然美都没有获得自身独立的价值，因为任何诗意的想象、道德的比拟和科学的认识，凸现的都是放大了的人的形象。自然可以没有人类，人类却离不开自然。那么，问题就是我们究竟如何才能走向自然。

在生态中心主义视野下，自然就是一个自我创化的生命系统，人类不是凌驾于自然之上的外在的主宰，而是宇宙自然生命系统中的一个环节。从生态的角度来看，自然的美就是生态的产物。庄子讲天地有大美，这个大美就是生态的美，就是大道。大美和大道，不仅需要我们观，同时需要我们听。而且不是一般地观和听，因为在日常生活中我们无时不在看、不在听，却常常是熟视无睹和充耳不闻，好像什么也没有看到过什么也没有听到一样。雕塑家布德尔说："如果我们能够停下来听一听我们脚下的这块疏松的土地所发出的意愿，我们就会理解自然与美是何等紧密地融为一体。自然的伟大和美在我们的身边周而复始地呈现，并在我们的自身体现出来。神圣的、令人赞美的、瑰丽缤纷的和旖丽多姿的景象在生活中比比皆是，无所不在。遗憾的是，生活在这些美丽景象中间的那些被称做芸芸众生的人群，对这些美却视而不见。"尽管在一般的审美经验中，美的事物首先总是以光彩照人的形象打动我们的心灵。但是，只要我们稍加反思，就会发现真正打动我们心灵的似乎不是事物美的形象而是它的言说。因此，如果说走向自然就是与天地精神相互往来，那么对于这种精神性的沟通和往来，首要的不是看而是我们要学会听。

美的事物总是仿佛具有某种直指人心的言说，它甚至往往是以沉默的独特方式言说，所以老子讲大音希声，庄子讲天地有大美而不言。这在根本上决定了自然审美是一种倾听，只有凭借倾听，我们才有可能领会自然那宁静的大音和沉默的大美，从而感受到那无言的欢乐。但这是怎样的一种听？

倾听当然离不开我们的感官听觉，甚至也离不开情感和理解。但是，一般的感官听觉只是被动接受现成的东西，听到什么就是什么，所听到的一切似乎与自己的存在毫无关涉，可以说是声不关己，高高挂起。而那种带有浓厚情感和理解性的听，则是有意识地赋予所听的一切以诸多理性和情感的涵义，这样一种意愿的把握和观念的规定又往往流于一厢情愿的诗意想象和道德比拟。审美的倾听则是一种审美的直觉，是感官听觉及其情感、理解得以实现的根。倾听作为一种审美的直觉，是凝神专注，用心不二的，它拒绝任何主观的预设、成见和偏见。凝神专注，用心不二的倾听在《庄子·人世间》中被表述为“气听”：“若一志，无听之以耳而听之以心，无听之以心而听之以气。耳止于听，心止于符。气也者，虚以待物者也。”因此，倾听要求虚怀若谷，要求回到纯粹感觉本身。我们一旦回到纯粹感觉本身，就会毫无保留而又生气勃勃地沉入大自然的一切从而呈现大自然的本色之美。正如当代英国美学家安妮·谢泼德所言：“我们在不发挥自己的想像力构想白云笼罩的高塔或豪华宫殿的情况下，也能够享受傍晚的天空中存在的晚霞之美。我们也可以在并不想象这条不断流淌的小溪的潺潺水声再现某种其他的声音的情况下，快乐地倾听这种流水声。”但倾听不仅可以听到那有声之音，同时它是把握那无声之声的必经之途。因为倾听是一种朝向生命的姿态，在倾听中我们把自己完全让渡给花草树木，虫鱼鸟兽，如朋友谈心，任其娓娓道来。

在倾听这一生命的让渡中，不仅让自然万物的本色得以显现，它同时也是对我们自身生存意义的揭示。我们的日常生活大多处于沉沦的状态，我们大多已经习惯于漠不关心的好奇和似是而非的闲谈。好奇就是沉沦于平常生活的观看，它令我们热衷于报刊杂志的花边新闻、沉迷于网络传媒的虚拟世界……好奇只是为看而看，从不洞见什么，而那所看到的总是花样翻新和变幻不定，恰如海德格尔所言，“好奇无所不在但一无所在”。好奇置我们于不安和激动之中，同时以最麻醉的方式置换了我们对本己的关心。闲谈相关于平常生活的言说，而所闲谈的大多无非是琐屑庸常之事。由于闲谈是为谈而谈，它并不理解那所谈的是否有意义或是否无意义，因此它大多是似是而非的老调重“谈”。好奇和闲谈都显示了日常生活意义的虚无，而倾听则显现了生活世界自身揭示的意义，这是因为倾听让我们以宁静之心走向事情本身，事情本身就自行向我们敞开。我们越是沉入本己的真实生活，事情本身就越是向我们敞开。事情本身不相关于闲谈和好奇，它是人生在世的本然状态。人生在世的本然状态就是没有任何外在根据，也没有任何外在目的的生活世界。我们以自己的双脚行走在大地之上，并诗意地居住在此大地之上。作为大地上的居住者，我们的存在与自然共生。由此，倾听自然就是倾听自我，反过来也可以说倾听自我就是倾听自然。自我与自然，相互归属。相互归属的自然，既不是那个自生自灭的自然世界，也不是任情使性的本能世界，而是切近本源的天人共生的生命世界，在这个世界里，有鸟语花香，也有鹰飞鱼跃，人人朝气蓬勃、心灵和谐。

凭借于技术的进步，我们得以尽情地享受工业文明所带来的舒适方便的都市生活。但是另一方面，我们却又无可奈何地拥挤在比肩接踵的大街小巷上，接受车来人往的嘈杂与轰鸣，呼吸着混浊不堪的城市空气。为什么不到野外去看一看奇山胜水？闻一闻青草和泥土的气息？听一听幽山的鸟鸣？走向大自然，聆听大自然的召唤，相信我们一定会找到那陌生却又熟悉的返璞归真的美，并重新找回那天人共生的生命之根。

二、游观山水

现代人的城市生活不乏舒适方便和丰富多彩，但是生活节奏的不断加快、工作强度的不断提高，使得不少人倍感身心的双重疲惫。即使是那些普通的市民，看惯了人来人往的拥挤，听惯了车水马龙的嚣声，也不免会感受到日常生活的单调和沉闷。于是，在人们的内心深处常常会突然涌动出一股乡愁般的冲动，渴望远离那令人疲惫和沉闷的都市生活，到外面的世界去暂时觅得一份轻松和宁静。

一旦这种乡愁般的冲动涌来，就是我们准备行囊、整装上路的时候了。如果因为物质、时间等客观条件的约束而不能远行，那么荒郊野外也不失为一个好的去处。在僻静的树林里坐下来，光着双脚，躺在草地上，闻闻泥土的气息，听一听四周的宁静，收获一份纯朴的心情，这也是一种返璞归真的美的享受。而那些在时间和物质条件上都有充分保障的人们，则可能会把足迹延伸到更遥远的地方，比如引发思古之幽情的名胜古迹，或者是令人流连忘返的自然山川。在现代文明的视野之下，那些名胜古迹具有特殊的魅力，长城的深厚，故宫的凝重，黄鹤楼的典雅，布达拉宫的崇高……凭借悠久的历史和丰富的文化内涵，它们大多具有一种撼人心魄的美学品格。如果说名胜古迹是人类创造自身历史的缩影，那么宇宙自然则是人类进行历史创造的大舞台。这个舞台上的人类，作为五行之秀、天地之心，与大自然处于一种奇妙复杂的关联中。人既渴望超越自然而在根本上又脱离不了自然，甚至正如环保主义者所思考的那样，自然可以没有人类，而人类则不可能没有自然。因此，人总是怀有一种乡愁般的冲动，渴望回到自然生命的源头，回到生命的根。

可以说，自然山水在人类这个游子眼里，一切都是至美的。当然，在不同的历史阶段，不同的民族和不同的个人，对同一片山水所拥有的具体审美感受又是不尽相同的。在中华民族传统的审美心理结构里面，自然山水的美主要有两种即壮美和优美，也就是清代著名的文学家姚鼐所总结的阳刚之美和阴柔之美。朱光潜先生在《文艺心理学》中形象生动地解释为老鹰配古松的刚性美和娇莺配嫩柳的柔性美，他说：“比如走进一个园子里，你抬头看见一只老鹰站在一株苍劲的古松上，向你瞪着雄赳赳的眼，回头又看见池边旖旎的柳枝上有一只娇滴滴的黄莺，在那儿临风弄舌，这些不同的物体在你心中所引起的情感如何呢？依科学家看，‘松’和‘柳’同具‘树’的共相，‘鹰’和‘莺’同具‘鸟’的共相；然而在情感方面，老鹰却和古松同调，娇莺却和嫩柳同调。借用名学的术语在艺术上来说，鹰和松同具一种美的共相，莺和柳又同具另一种美的共相……自然界本有两种美，老鹰古松是一种，娇莺嫩柳又是一种。倘若你细心体会，凡是配用‘美’字形容的事物，不属于老鹰古松的一类，就属于娇莺嫩柳的一类；否则就是两类的混和。”

壮美主要是一些壮观、雄伟的景象。美学家赫迦斯指出，宏大的形象，纵使样子难看，然而由于它们的巨大，无论如何会引起我们的注意，激起我们的赞美。自然风景中的雄伟壮观的形象，凭借其巨大的尺度和伟力，会冲击我们日常生活中那业已麻木和迟钝的心灵，激起赞叹、崇敬、震惊和愉悦的审美感受。华山之险，蜀道之难，那些壁立千仞、险峻奇特的悬崖峭壁，往往令人惊叹不已。泰山自古以来，则以雄伟著称。登上泰山，天地之间的无限美景尽收眼底，你会情不自禁地产生一种“会当凌绝顶，一览众山小”的豪情。江潮和瀑布也是令人震撼的壮美景观。当江潮以排山倒海、雷霆万钧之势汹涌而来之际，惊涛巨浪，如万马奔腾，势不可挡，壮观天下。“乱石穿空，惊涛拍岸，卷起千堆雪。”苏轼《念奴娇·赤壁怀古》一词，把江潮的壮丽，揭示得淋漓尽致。瀑布比之江潮，其壮美也毫不逊色。“飞流直下三千尺，疑是银河落九天”，李白把瀑布的壮美凝结成了广为传唱的诗篇。

优美的景观在大自然中最为常见，湖光山色、溪流云霞等，常常以其特有的柔和与秀丽，给人以轻松、恬美的审美享受。如果说壮美的景观令人震惊甚至对人有一种威压，人是在隐隐作痛的对抗之中才达到审美的超越和获得审美的愉悦的话，那么优美的自然景观对人则有恋人般的亲和力，它直接唤起我们的一种和谐的审美愉悦。自然世界中最令人赏心悦目的优美景物，莫过于万紫千红的色彩。大自然简直就是一位伟大的天才画家，它用自己神奇的笔，调绘出一个五彩缤纷的色彩世界。比如秋天的香山，层林尽染，浪漫、温馨的红叶令人流连忘返。山无水不活，自然山川因为流水淙淙而生气远出。神奇的九寨，美不胜收，其水则可谓天下冠绝。它纤尘不染的明净和漂碧，大概只有在童话世界中才会再次现身。与之凝目对视，我们会油然而生一种望穿心底的通明之感。在它澄明、本然的世界里，我们或许真正能体会出明心尽性的美的感悟。看一看九寨的水，种种不幸、伤感和烦恼，将被化解得了无影踪。美丽的云霞也是一种常见的优美的景观，它的飘动让人有一种心襟摇荡的感觉。站在峨嵋山的金顶上看日出，霞光映照着变幻多端的云海，绚丽多姿，白如雪，软如绵，时而翠紫，倏忽青红，变幻莫测。山得烟霞而秀美，特别是名山大川，行云飘烟从深谷之中缭绕升起，倍增虚无缥缈的美感。

美不自美，因人而彰。无论是雄伟壮观的高山大河、江潮瀑布，还是优美动人的湖光山色、溪流云霞，如果没有人来观赏，虽然它也存在，但是始终自身遮蔽，芜没于空山之中。正如王阳明所讲的那样，山中的花自开自落，你来看花的时候，这花才一时明白起来，才熠熠生辉，才有存在的美的显现。法国哲学家和文学家萨特也曾经说：“大地将处于麻痹之中，直到有人把它唤醒。”山水的美，需要人来揭示。因此，游山玩水就是去唤醒自然山水，山水因人的唤醒而显明自身存在的美的光辉。而远游的人们，也因这美的光辉的照耀，得以尽情地享受游山玩水的欢乐。

发现山水的美，领会那美的光辉，享受旅行的乐趣，首先需要我们去观、去看。但这观看，不是走马观花，也不是单纯的猎奇，而是静观。静观作为一种特别的看，它实际上是一种审美的态度。我们对事物的把握，首先至少有三种态度，认识的态度、功利的态度和审美的态度。正如朱光潜先生所言，对同一棵古松，三种不同的人会形成这三种不同的态度。假设一位植物学家看到一颗古松，如果他事先不认识这是一棵松树，他首先关心的就是它是一棵什么样的树，通过自己的了解或者别人的分析之后，他就知道了这是一棵松树。如果他还不满足，他就会进一步去分析松树具有什么样的质地和属性，根据这些特性，他知道了应该把它划入植物学中的哪一科、哪一目和哪一种。这样，他就很满意自己已经把握了一棵松树，至于松树的色、香、味、形，松树有何实际的效用，统统忽略不计。如果是一位商人看到这一棵古松，他不会像植物学家那样去考虑松树的命名和松树的属性，他首先关注的是它的主干如此之大，可能适合于做某件家具；枝干尽管有些弯曲，可以拿来做枕木或者别的什么。他也可能会想，如果把这棵树移植到一个恰当的地方，作为观赏之物，收一点门票费也是一件有利可图的事情。总之，松树在他的眼里，只有实用二字。相反，如果是一位艺术家看到了这颗松树，他也许同样不关心松树的名称和属性，但是他也不关心松树的实际效用。在艺术家的眼中首先呈现出来的是松树的形象，他被松树的整个生命的形象所吸引。松树枝干的遒曲苍劲，松针的郁郁苍苍，显现出强大的生命力。每当清风徐来，则松涛阵阵，天然成韵，送来松果飘香。于是，他完全陶醉在松树的形、色、声、香之中。植物学家代表认识的态度，商人代表功利的态度，艺术家代表的是审美的态度。认识的态度用概念和逻辑推理去把握对象，获得的是事物的知识属性；功利的态度用实用的眼光把握对象，获得的是事物的实际效用；审美的态度是用体验的方式去把握对象，获得的是事物美的形象。对自然山水的欣赏，首先要求我们要有一种审美的态度。我们不是认识山水，也不是考虑如何利用山水，我们是直接面对山水生机勃勃的活的生命形象。苏轼所谓"空故纳万境，静故了全动"，这空、这静就是排除心中的各种杂念，悬置概念逻辑和实用观念。以空明之心，静照山山水水，自然山水的美才有可能本然地与我们相遇。"万物静观皆自得，四时佳兴与人同"，如果有一种闲适的心境，一种艺术的眼光，所见的一切自然事物，都可能成为美的图画。

但是，审美的静观还只是获得审美愉悦的第一步。要想得到审美愉悦的真正实现，我们还得走向事物本身作深入的体验，这种深入的体验方式，就是神与物游。法国女小说家乔治·桑在她的《印象和回忆》里说："我有时逃开自我，俨然变成一棵植物，我觉得自己是草，是飞鸟，是树顶，是云，是流水，是天地相接的那一条水平线，觉得自己是这种颜色或是那种形体，瞬息万变，去来无碍。我时而走，时而飞，时而潜，时而吸露。我向着太阳开花，或栖在叶背安眠。天鹨飞举时我也飞举，蜥蜴跳跃时我也跳跃，萤火和星光闪耀时我也闪耀。总而言之，我所栖息的天地仿佛全是由我自己伸张出来的。”象征派诗人波德莱尔也说：“你聚精会神地观赏外物，便浑忘自己存在，不久你就和外物混成一体了。你注视一棵身材亭匀的树在微风中激荡摇曳，不过顷刻，在诗人心中只是一个很自然的比喻，在你心中就变成一件事实：你开始把你的情感欲望和哀愁一齐假借给树，它的荡漾摇曳也就变成你的荡漾摇曳，你自己也就变成一棵树了。同理，你看到在蔚蓝天空中回旋的飞鸟，你觉得它表现‘超凡脱俗’一个终古不磨的希望，你自己也就变成一个飞鸟了。”刘勰也曾说：“登山则情满于山，观海则意溢于海，我才之多少，将与风云而并趋。”可见，在自然山水的审美欣赏中，神与物游就是设身处地地把自我投身于事物，与事物在一块儿伸展，一块儿震颤，最终达到一种物我两忘、物我同一的境界。

在静观和神游中，不仅呈现了自然山水的美，同时创造了一个物我两忘、物我同一的理想世界，一个美的世界。因此，游观山水，就具有了审美解放的意义。南北朝梁代文学家吴均坐船游赏江浙，在其美文《与朱元思书》中叹其水秀山奇：“风烟具净，天山共色，从流飘荡，任意东西。自富阳至桐庐，一百许里，奇山异水，天下独绝……鸢飞戾天者，望峰息心；经纶世务者，窥谷忘返。”自然山水，既可涤情又可养志。徜徉在它美丽的世界里，我们排除了种种世俗名利之心的纠缠。曾点曾经谈到他的人生理想是在春天来临之际，带上五六个朋友和六七个小孩，到沂水洗澡，在舞雩吹风，然后唱着歌游玩山水。孔子曾叹赏曾点的游山玩水实在是一种理想的人生境界。游山玩水之所以是一种理想的人生，乃是因为人们在自然山水之间寻觅到了一个身心解放的自由境界。

南朝宗炳一生好游名山大川，因为老疾不得已而回到家中。但他对山水仍然充满了眷恋之情，于是他就把它们画在墙上，“卧以游之”。不仅如此，他还要对着墙上的山水操琴弄曲，仿佛是要倾听大山空谷的回音。可见游观山水不仅仅是一种身体的行为，更是一种心灵的行为。一片山水，就是一片心情，如果怀着这样一种深情去旅游，相信我们不仅可以呼吸到纯净清新的空气，同时定能收获一份美好的心情。

三、漫步园林

美向何处寻？法国著名的雕塑大师罗丹说美无处不在，对于我们的眼睛来说，不是缺少美，而是缺少发现。的确，只要我们有美的眼睛和美的心灵，只要我们善于发现，美时时刻刻就在我们的身边。庄子也有一句脍炙人口的名言，那就是“天地有大美而不言”。无言之美充盈于天地之间，因而人生于天地之间也就是人生于美的世界之中。美的世界无处不在，园林无疑就是美中之美了。就拿中国的园林来说吧，它浓缩了山水的诗情和人生的智慧，并创造了一个众美荟萃的人间仙境。

中国的园林历史悠久，起源于商周之际，最早称为囿。囿是帝王将相打猎游玩的地方，因此它一开始就有休闲娱乐的功能。到明清时期，随着经济的发展，江南的士大夫们凭借雄厚的经济基础大兴园林，这些私家园林同时是士大夫生活、休息和宴请宾客的场所。私家园林以苏州的园林最多，苏州的拙政园、狮子林、留园、环秀山庄、艺园、网师园、西园、怡园、可园等大量私家园林的兴造，印证了“江南园林甲天下，苏州园林甲江南”的说法。于是皇家园林和私家园林就构成了中国古典园林的主要类型。以颐和园和承德避暑山庄为代表的皇家园林，占地面积庞大，建筑和假山叠石也非常宏伟、壮观，它们展现了皇权的至高无上和皇家园林豪华富贵的审美特征。而江南民间的私家园林则追求精巧素雅、玲珑多姿的风格，它们利用有限的空间巧妙地组合成千变万化的园林景色，创造出自然与人工水乳交融的意境。

无论是皇家园林还是私家园林，中国园林都是以山水、花木、建筑和诗文书画等审美要素共同组成的一个综合的艺术品。因此它既具有自然性，又具有人工性；既具有实用性，又具有审美性。斗转星移，这些凝结着民族文化和审美心理的宫廷禁地、私家花园，如今也成为人们休闲娱乐的理想去处。

走进园林，可以领略大自然无限的美景。中国古典园林作为一个综合的艺术品，自然美景始终居于重要的地位。园内的花草树木，奇峰怪石，源头活水可使游人“不出城郭，而享山林之美”。园林的美，首先是山水花木的自然美。园林中的山大多为石叠的假山。这些叠石假山有层峦叠障的巨制，也有精巧玲珑的小品。像北京北海公园濠濮间的青石假山，苏州环秀山庄的太湖石假山，上海豫园的黄石假山等都是颇具规模的假山叠石，它创造出一种“重岩复岭、深溪洞壑、高林巨木”的宏大深邃意境。与这样层峦叠障的假山相面对，不啻于置身名山大川。小品山石则主要点缀于门庭、小院、廊间、窗前用以增加庭院的空间层次和景的深度。但无论是层峦叠障的巨制，还是精巧玲珑的小品，园林中的假山叠石，都表达了造园主对自然山川的无限热爱，寄托了造园主对自然山川隽永的情思，正如玩石名家李德裕“名山何必去，此地有群峰”此一诗句所表达的深情。于是，师法自然成了中国园林假山叠石的根本审美追求。而模山范水，必须把握自然山水形态的某些典型特征，以逼真的艺术形象再现自然山水的特点，因此，叠石假山不是粗略地模仿自然山体的外形和细致地模拟自然山林的细节，而是要做假成真。此真不在于外在的形状，而在于内在的体势。水贵有脉，山贵有势。因为体势的逼真，中国园林中的石叠假山，无论巨制还是小品，都具有这样的基本美学品格，那就是明代造园艺术大师计成所主张的“虽由人作，宛若天成”和清代造园艺术家李渔所主张的“无补缀穿凿之痕，遥望与真山无异”。假山叠石，可谓中国园林中精美的雕塑，它是自然和人工的完美的结合，其巧夺天工的艺术造诣，令人叹为观止。

宋代大画家郭熙在《林泉高致》中曾经论道：“山以水为血液，以草木为毛发，以烟云为神采。故山得水而活，得草木而华，得烟云而秀媚。”园林如果只有孤零零的山，无论它是多么的精美，也还只是枯寂和贫瘠的，因此水和花木自然成为园林重要的景观。青山碧水，园林才显得生机盎然。水和山相得益彰，因为山水的环绕拥抱，才有了水石交融的清幽雅逸。同时，园中大面积的湖水，像颐和园的昆明湖，还可以把我们从日常生活沉闷、压抑的感觉中解放出来，给人以神清气爽、空灵开阔的感觉。当然，隔岸观赏，也不失心旷神怡的美妙。总之，水使园活，小桥流水也好，碧波万千也好，源头活水带来满园的生气。山水交融，血液贯通，园林生气勃勃。而树木葱茏，繁华似锦，则显出园林的秀美多姿。春夏秋冬，四时更替，阴阳惨舒，芳春柔条，金秋落叶，无不牵动我们的万千情思。园林山水与花木的配置，把天地自然的万千美景，收摄于方寸之间，创造出草木朦胧、云兴霞蔚的生态景观。如果说名山大川，难以遍睹，何不在闲暇之余，去领悟和享受如此高度凝炼的美的馈赠？要知道，那些高明而杰出的造园大师，都是胸怀丘壑，而整个自然简直就成了他们精心制作的一件艺术品。扬州个园的四季假山的景观就是典型的代表。春山在个园南部，一峰屹立在疏疏朗朗的竹林之中，象征春回大地，其生机蓬勃犹如雨后春笋。夏山位于园林西北，峰岩盘礴浑厚，苍翠蓊郁，虽然人不能登临，但是幽凉之感会扑面而来。秋山倚立于园林东北的一亭之侧，暗褐色彩寓意万物叶枯翠残般的萧索。坐落于园东南一小院内的冬山，呈灰白色，柔而绵，似有惨淡欲睡之意。最妙的是院墙上开凿了若干圆形窗孔，北风凛冽时便瑟瑟有声，冬山的萧瑟景象于是状溢目前。透过院墙上的窗孔，我们还可以窥见园南部的春山，就在那一瞥之中，寓意着冬去春来的又一个轮回，可见造园艺术的匠心所在。

中国的园林是以“城市山林”的审美理念来建造的，因此它们往往主要以山水自然的景观取胜。但是，除了自然景观，园林中还有大量的人文景观。走进园林，我们可以享受到丰富的人文景观美。即使是园林中的自然景观，大多也不是原始的自然而是人化了的自然。因此，园林的美同时凝结着人的智慧和情感的美。园林中有亭台楼阁、廊桥厅堂等各种各样的精美建筑，无论是轻盈飞动的亭阁，还是曲折多姿的廊桥，它们都是美的情智最直接的显现。法国的哲学家和文学家萨特曾经说过："大地将处于麻痹之中，直到有人把它唤醒。"纯粹的自然是零散杂乱的，园林的建筑作为人的情智的化身，它不仅唤醒了自然，而且它们仿佛成为一个个中心把众多零散的景观组织起来，并形成一个有机的整体。因此，造园家非常考究建筑与环境的有机结合，考究如何把人与自然和谐相处的理念通过情景交融的美充分地表现出来。园内景物的安排，也同样讲究巧夺天工的匠心之美。院墙上的一孔小窗，角落里的一簇幽篁，每一个细节，都可能带来雾里看花、水中望月的幽情。由于受到山水画的影响，园林非常注重构图的层次，它既要排除杂乱无章，又要避免一览无余。通过借景、藏景等手法巧妙地分割和组织景物，扩大和创造空间，于是在有限的空间里，园林不仅再现了自然山水的美，而且创造了一个寓意曲折的无限空间。

自然山水的美景和匠心独运的人工水乳交融，创造了园林美的意境。自然美和人工美的聚集，使得园林的空间在本质上升华成为一个精神的空间。中国园林的目的就是要创造出一种可居、可游、可望的生活空间，但它不仅是一个现实的生活地方，而且是一个美好的理想世界。园林的自然都可以看做是理想的自然，它的一花一木，一山一水，无不流淌着人的精神和生活的理想，无不寄托了美的人格和超越的心灵。欣赏园林的美景，无论自然景观还是人文景观，不仅升华我们的情感，而且陶冶我们的心灵。我们知道，园林风物往往体现出一种高洁的情怀。梅兰竹菊和各种励志书法绘画，都是理想人格的象征。比如就假山叠石而言，它就不仅仅是山水情思的表达，更是理想人格的一种寄托。园林中的假山叠石，历来以瘦、透、漏、皱、丑为最高审美标准，并不是出于偶然。李渔在《闲情偶寄·居室部》中这样解释说："言山石之美者，俱在'透'、'漏'、'瘦'三字。此通于彼，彼通于此，若有道路可行，所谓'透'也；石上有眼，四面玲珑，所谓'漏'也；壁立当空，孤峙无倚，所谓'瘦'也。"郑板桥在《题画·石》中又提出"丑"："米元章论石，曰瘦、曰绉、曰漏、曰透，可谓尽石之妙矣。东坡又曰：'石文而丑'。一'丑'字则石之千态万状，皆从此出…… 燮画此石，丑石也，丑而雄，丑而秀。"从外观形式上讲，石体的瘦长是瘦，纹理的顺通是透，孔洞贯穿是漏，石面的凹凸是皱，石的奇形怪状是丑。然而，园林中的假山叠石为何要以瘦、透、漏、皱、丑为最高审美标准？只有透视出这些形式美背后所蕴涵的人格意义，我们才能领会假山叠石真正的审美追求。石无所谓肥瘦，肥瘦是对人体美的品评。把石头说成"瘦"，实际上是把对人的品评移来品石。魏晋的人物品藻，常常借山石喻人，比如，《世说新语》中说，"嵇康身长七尺八寸，风姿特秀。……山公曰：'嵇叔夜之为人也，岩岩若孤松之独立，其醉也，傀俄若玉山之将崩。'"这种人与石互喻互比的人物品藻风气，在假山叠石"瘦"的秀骨清像中，凝结成为对壁立千仞、高标自持的一种人格美的追求。在中国古典园林中，符合“瘦”这一标准的名石很多。苏州著名的留园三峰——冠云峰、瑞云峰、岫云峰，无不具有清秀、挺拔的“瘦”的人格风貌。对于“透”、“漏”的审美追求，实际上也是与人的精神风貌相关的。《淮南子·精神训》说：“夫孔窍者，精神之户牖也。”假山叠石纹理的顺通和孔洞的贯穿，在玲珑剔透的形式美中，揭示出人的一种通透和达观的精神风貌。王世贞的《弇山园记》曾形象地描述过石头的“皱”之美：“右方一高峰，文理皴皴若裂，名之曰‘百衲’，其次而卑者，亦如之，曰‘小百衲’。”这层棱起伏、变化多端的百衲之美，岂不就是一颗丰富心灵的真实写照？郑板桥特别拈出一个“丑”字论石，强调其千姿百态的“雄”、“秀”审美风格。这种对“丑”的审美肯定，难道不是要在原始质朴的形态中张扬出个性生命千姿百态的气质和力度，从而表达一种对更深邃的精神境界的追求？

又拿园林中的亭台楼阁来说吧，它的审美意义也不仅仅限于建筑本身。计成在《园冶》中说：“轩楹高爽，窗户虚邻，纳千顷之汪洋，收四时之烂漫。”这正好说明这些建筑的审美价值在于，通过门窗引领我们去欣赏外界无限空间的美景。而就在这无限空间的自然美景的欣赏之中，我们的心灵得以暂时超越有限时空的束缚，升华出对宇宙人生的更深刻的领悟。例如，我们知道，范仲淹“先天下之忧而忧，后天下之乐而乐”这一千古名言，所表达的是一胸怀天下的伟大抱负。这正是他登临岳阳楼，在面对洞庭湖浩浩荡荡的万千气象中升华出来的伟大人格，可见园林建筑对我们心灵境界的提升意义。

自然美、人工美和意境的美三者聚集起来，使得园林成为一座众美荟萃的宝藏。漫步园林，不失为理想的休闲消遣，因为走进园林，同时就走进了一个精神的空间，走进了我们遗忘已久的内心生活。漫步于静静的池塘边、徘徊于重重的花木旁、行走在曲曲折折的长廊里，也许我们轻而易举地就达到了对美的欣赏和对内心自我的凝望。在这里，我们可以自由自在地敞开心扉，任凭一个生机盎然的别样时空从某处源源不断地向我们涌来。这样，玩赏园林，既是美的创造又是创造美的心境。也许你还记得诗人叶绍翁“应怜屐齿印苍苔，小扣柴扉久不开。满园春色关不住，一枝红杏出墙来”这样清新隽永的小诗吧，那些柴扉或许早已不在，但是那欢笑出墙的红杏可能一如从前。不知你是否游兴正浓？

四、悠游郊野

随着技术的进步和物质生活条件越来越优越，旅游已经成为人们的一种生活时尚，一种备受青睐的休闲方式。自然净化人的心灵，人文陶冶人的情操。览名山大川，我们感受到大自然的亲切和美丽。观名胜古迹，我们领略人文的典雅与深沉。名山大川的美丽和名胜古迹的深沉，让现代人的旅游休闲生活充满了生气和魅力。

一位作者曾经在一篇小文章中说，“休”字的本义就是一个人劳累了靠着一棵树休息，而“闲”字本来是閒字的通假，意思是坐在屋子里的人通过门的缝隙观看天上的月亮。这一词源学式的“望文生义”，也算是对休闲的一种理解。如果真是这样的话，休闲本身就是做一件简单的事情或者说是一种简单的生活方式。今天，人们自然是不会仅仅停留于倚木而休、望月而闲这样的生活事件上来理解和体会休闲的意义了，但休闲作为一种从容平静的生活理念，是现代人内心的一种渴望和情结，这是因为焦虑和虚无正在不断取代人们对生活的真实感受。工作条件不好，人与人关系复杂，生存压力太大，体力疲劳、心理疲劳、精神疲劳等常常不期而至，身心的双重压迫使人陷入生活的焦虑之中。与总是抱怨活着没有信心、工作没有快乐的焦虑相对，一部分生活条件优裕的人们，由于在物质的世界里找不到精神的安慰，空虚充斥了日常的生活。于是，生活变得没有意义，郁闷成为生活的口头禅。

那种本然真实、无忧无虑的生活随着时间的流逝而真的变得无影无踪了吗？俗语说，踏破铁鞋无觅处，得来全不费功夫。其实快乐的感觉离我们并不遥远，就在车水马龙的城市边缘，郊野也是一个能给人带来快乐的地方。城市的疯狂扩张把郊野远远地扔向边缘，扔向一个被称做荒郊野外的天地。然而，在这样一个平凡真实的境域里，活动着平凡真实的事物，发生着真实生动的事情，事物的显现和事情的发生聚集起来使得郊野变成了一个既显现又遮蔽的意义世界。当我们带着疲惫的身体和空无的内心走进郊野，就是和这个意义世界相互交接。在与人的交往中，郊野敞开了它的世界。而世界的意义的敞开就是赋予我们的生活以意义，于是在郊野的世界里，我们收获的不仅是逍遥和轻松，还有一份宁静、充实的美的享受。

因此，千里迢迢的旅行固然精彩，但是近在咫尺的郊游也不乏休闲生活的情趣。昔日孔子“吾与点也”的故事，最能体现休闲郊游的审美精神实质。

《论语·先进》记载：子路、曾皙、冉有、公西华侍坐。子曰：“以吾一日长乎尔，毋吾以也。居则曰：‘不吾知也！’如或知尔，则何以哉？”子路率尔而对曰：“千乘之国，摄乎大国之间，加之以师旅，因之以饥馑，由也为之，比及三年，可使有勇，且知方也。”夫子哂之。“求，尔何如？”对曰：“方六七十，如五六十，求也为之，比及三年，可使足民。如其礼乐，以俟君子。”“赤！尔何如？”对曰：“非曰能之，愿学焉。宗庙之事，如会同，端章甫，愿为小相焉。”“点！尔何如？”鼓瑟希，铿尔，舍瑟而作，对曰：“异乎三子者之撰。”子曰：“何伤乎？亦各言其志也。”曰：“莫春者，春服既成，冠者五六人，童子六七人，浴乎沂，风乎舞雩，咏而归。”夫子喟然叹曰：“吾与点也！”

这篇对话，显然探讨的是什么样的人生才是理想的人生。子路讲究武功，冉有主张文治，公西华追求宗教的事业，三人志向有别，但在追求建功立业这一点上则是完全相同的。与此不同的是，曾点的理想旨在游山玩水、吹风洗澡。我们知道，孔子的核心思想是主张仁爱，所谓仁者爱人。仁爱是与社会关怀、文化忧患、道德本位等方面密切相关的。但在这段著名的对话中，孔子却给注重个人精神自适的曾点投了耐人寻味的一票，这就使得这一对话充满了颇为复杂的含义。孔子认同曾点，无疑表明了精神生活的自在、自得、适意、无累甚至逍遥在孔子所理解的人性的全面完成、人生的理想境界生成中是一个不可缺少的重要方面。但是，精神生活的自在、自得、适意、无累甚至逍遥与仁学所追求的济世情怀并不是完全一致的，前者重个体的自足，后者却重视生命的社会价值。那么，二者能否统一？又如何统一？正是在这个地方，孔子的思想显示出一种超越的生存姿态。“曾点言志”所突出的志向，是超越于功名事业的悠然自得的审美人生境界。但是，孔子虽然认同了曾点的志向，却并不否定子路、冉有、公西华等人的志趣和理想。不仅不否定，还给予了积极的评价。孔子在此试图要表明的是，他们的志趣理想尚未达到人生的最高境界。因为在他看来，真正理想的人生境界应当是在施展建功立业的入世活动中，仍然保持住一种精神的超越态度。基于以出世的精神做入世的事业这一超越的视界，孔子在更高的层面上把个体与社会、自适与进取统一起来了。

由此观之，孔子和曾点所主张的吹风洗澡、游山玩水、咏而归的人生，恰恰是积极的审美的人生。这种审美的人生，也可以说是游生。咏而归不是唱着歌回来，而是唱着歌游玩山水。刘宝楠在《论语正义》中引《少仪》说：“燕游曰归。”李充又注释说：“善其能乐道之时，逍遥游泳之至也。”所谓“燕游”，所谓“逍遥游泳之至”，所传达出的正是“游”的审美精神特质。

从词源学上讲，“游”这个字最早的本义与人的精神世界并没有什么关系。在甲骨文和金文中就已经出现了“游”字。许慎《说文解字》云：“游，旌旗之流也。”段玉裁注释说：“旗之游如水之流，故得称流也……引申为凡垂流之称……又引申为出游、嬉游，俗作遊。”由于旌旗下垂的飘带，会随风飘荡而无所束缚，所以，游字引申出来的含义就与人的精神世界发生了联系。“游”所揭示出来的正是人的精神上的一种自由感，也即是一种美感。“游”的审美精神还体现了人性完善所能够达到的一种思想的境界，人一旦达到这种思想境界，就会获得强大的心理和精神的支持，并形成一种审美的心胸。朱熹曾经讲：“曾点之学，盖有以见夫人欲尽处，天理流行，随处充满，无少欠阙。故其动静之际，从容如此。而其言志，则又不过即其所居之位，乐其日用之常，初无舍己为人之意。而其胸次悠然，直与天地万物上下同流，各得其所之妙，隐然自见于言外。视三子之规规于事而为之末者，其气象不侔矣。故夫子叹息而深许之。”朱子所谓“胸次悠然，直与天地万物上下同流”就是一种悠然与天地万物同游的审美心胸和一种审美的人生境界。这种审美的心胸往往形成一种傲岸的人格。王阳明就将这种审美的心胸和人生境界称为“狂者的胸次”。王阳明《年谱》中记载：“中秋白月如昼，先生命侍者设席于碧霞池上，门人在侍者百余人。酒半酣，歌声渐动，久之，或投壶聚算，或击鼓，或泛舟。先生见诸生兴剧，退而作诗，有‘铿然舍瑟春风里，点也虽狂得我情’之句。”清风明月，弦歌泛舟，王阳明触景生情，联想到曾点之志，而吟咏出“铿然舍瑟春风里，点也虽狂得我情”的诗句来。可见，王阳明所讲的“狂者的胸次”，也还是曾点言志所说的审美人生的境界。

世易时移，这些动人的故事和风流人物早已成为历史。但是，历史人物和历史事件中的精神却凝结在一个民族的文化心理里面，形成流淌在我们心灵深处的活的传统。在古人的故事里，我们依然可以领会到现代人所需要的某些精神的因子。每当我们读到曾点言志的故事，就会有一种默然会心的了解和同情，并引发一种畅游郊野、感悟人生的审美冲动。郊野或许没有名山胜水，但也不缺乏清风、阳光和溪流。呼吸着郊外新鲜的空气，沐浴在阳光和春风里，听听潺潺的溪流声，这难道不是一种审美的人生享受？在郊野宽阔的胸怀里，只要我们敢于和善于抓住它给予我们的那些细腻的感受，我们就会毫不犹豫地撕掉生活和工作中的那些习以为常的各种面具，就会在宁静的沉思中看穿日常生活和工作中的那些渺小的忧郁、空洞的虚无和多余的焦虑，从而可能透悟存在的本性和生活的真实意义。在此意义上，我们同样会获得昔日曾点燕游而归的开心和快乐。这样的快乐赋予我们超越的精神和积极向上的生活态度。超越的精神和积极的生活态度一旦充实我们的内心，我们就有了精神上的支持和生活上的自信，进而形成所谓狂者的心胸。这里所说的狂者当然既不是精神病患者，也不是非理性的酒徒，而是那种睥睨万物的伟大人格。所以狂者的心胸既不是精神病患者的混乱，也不是非理性的酒徒的迷狂，而是一种生存的自信和气度。孟子曾经说过，富贵不能淫，威武不能屈，贫贱不能移。郊野的清风、明月、阳光和溪流给予我们生活的感动，让我们发现了从远古走来的那种积极的内心生活。这种内心生活在我们的现实生活中升华成为不唯唯诺诺、不以富为贵、不以贫为贱的优美的人生。

自然山水纵然令人陶醉，但并不是所有的郊外都有山有水，山山水水或许还在郊野的更远处。但是这也不妨碍我们郊游的兴致，因为郊野空阔却不虚无，这里还有农田、野花、杂草、丰腴的大地甚至是荒芜的丘陵。在繁华闹市蛰居久了，高低错落的建筑和一成不变的大街小巷会令人沉闷。在空闲的日子，到城市边缘的乡间小路走一走，也能获得一些惊奇和欢喜。置身在那一望无垠的平旷里，轻松的呼吸和自由自在的眺望让我们身轻如燕，一种浪漫的情调会油然而生。此时此刻，我们感觉自己就是天地之间的一只飞鸟，仿佛要飞越远在天边的那一道地平线。诗人陶渊明所歌咏的“久在樊笼里，复得返自然”，大概也是这种自由的体验了。

当然，郊游的最佳时间，可能还是阳春时节。沉睡的大地已经渐渐苏醒，小草开始悄悄地探出头来，这时，我们还能有幸感觉到它娇嫩的气息犹如初生的婴儿。再过些时日，野花也开了，在温暖的阳光下绽放出妩媚的笑容。经历整个冬日的休养生息，农田已经重新被翻新，在这丰美的大地上，庄稼苗已经开始尽情地享受成长的快乐。阳春时节的郊野，随处充满着生机，无所欠缺。就在这个时候，人们争先恐后地走出来踏青，实际上就是要与物同春，感受生命在沉寂中失落后的那一种跃动和生气。受着生命气息的感染，我们得以暂时抛弃生活中的那些日积月累的身心疲惫或者不切实际的空洞幻想，来仔细地审视身边的每一个生命的奇迹。于是我们看到大地上那刚冒新芽的小草娇嫩如水，我们也记住了每一朵野花都有自己的特定的形状和气味。我们以纯真之心贴近自然，仿佛在一刹那之间看到了它生命的秘密。自然生命中的那些细微的美丽使你心旷神怡，美好的感觉涤荡心灵。郊游真是件快乐的事情，用审美的心境与目光去感受郊野，它竟然回赠给我们如此意想不到的欢乐。

秋日的郊野，也别有一番趣味。野草虽然渐渐变得苍黄，但是它把丝丝温暖的感觉留给了秋游的人们。躺在松软的草地上，我们舒适而惬意。抬头看看蓝天和白云飘过天际，那里似乎还有无忧无虑的童年的影子，或者是浮云游子意的感悟？野花行将凋谢，那惨淡的笑容，不免让人有一些悲秋的感慨。但是她自己却拒绝悲伤，她的微笑告诉伤感的游人，明年她还会在这里重开。一望无际的农田里，成熟的庄稼在金色的阳光下显得十分耀眼。在秋高气爽的日子里，漫步在乡野之间，我们无法拒绝丰收景象所带来的喜悦。秋天的郊野，虽然万物都在寻找自己生命的归宿，但秋游并不让人消沉和悲伤，因为它让我们明白了万物在辉煌闪耀的时刻早已谋划了自己生命的轨迹。

即使在寒风凛冽、白雪飘飘的冬天，郊野中的万物也并不消失。它们只是把自己深深地隐藏起来，变成了是大地的秘密。冬日的郊野，分外寒冷。人们纷纷躲进自己的安乐窝里，享受着取暖器、空调和被窝的温暖。那些不畏寒冷、还有勇气来感受冷风的力量和白雪飘舞的情境的人，已经是很少了。于是，郊野变得真正空旷起来。其实，这也是郊游的好时节。银妆素裹的大地景观自然不必说了，冬日的郊野令人想起柳宗元诗里“千山鸟飞绝，万径人踪灭”的意境。这种孤独的情调，可能还真是只有在冬野之中才能感悟得到的。这是怎样一种孤独的情调？它不是陈子昂《登幽州台歌》里“念天地之悠悠，独怆然而涕下”的那种悲怆和无助的感觉。冬野中的孤独感是一种内心的宁静，是一种存在的勇气和力量感。因为冬野里万物在生命的自行保藏中把一个广阔的世界赠与了我们，于是我们得以在一个如此安静的舞台上来真实地面对自身。在冬野的宁静里面对自身，意味着审视我们自己的灵魂。在灵魂的审视中，我们感觉到了自身的存在是如此的真实，风雪的力量确证了我们存在的真实。在反复的审视中，我们存在的真实升华成为一种承担孤独的勇气和力量。因为孤独同时意味着自由，在冬野里，我们发现我们自己就是天地间的一个自由的思考者和存在者。

春野生机勃发，秋野成熟，冬野宁静，不同时节的郊游给我们带来不同的乐趣。朱子说“万物静观皆自得，四时佳兴与人同”，其实郊游的乐趣不仅在于静观，也在于行动的经验。如果在一个阳光明媚的春日，三口之家到郊外放放风筝何尝不是一件快乐的事情。对于一个垂钓的爱好者而言，如果在一个风轻云淡的秋日里独自骑着自行车外出钓钓鱼，然后趁着晚霞归来，难道还有什么别的事情会如此令人感到满足？

郊游可以是独游，尽情地陶醉在自己无言的快乐里。也可以是志同道合者的集体活动，共同分享彼此的快乐，所谓独乐乐不如众乐乐。

不同的时间，不同的事情，不同的人物，让郊游变得丰富多彩。郊游方便、简单、快捷，我们既不需要为了行囊的充实而费尽心思，也不需要为长途跋涉而作精心的准备。远者几辆自行车、近者一双运动鞋就是我们出游的工具。轻轻松松出门，在郊游中自由自在地活动，累了、饿了，在农家吃一餐乡村风味饭，然后高高兴兴地回来。回到家里，洗洗澡，休息休息，想想郊外的活动，回味回味快乐的感觉，快乐的一天就这样在快乐的感觉里结束。

郊野让我们的生活充满了快乐，郊野不是荒芜，也不是可有可无的边缘。但人们大多把郊野视为边缘，而把都市看做中心。因为前者宁静而野性，而后者却热闹而繁华，二者的高低优劣，层次分明。但在严格的意义上，根本就没有所谓的中心和边缘这一僵化的区分。中心是边缘的中心，边缘是中心的边缘，所谓的中心和边缘既相互区分又相互归属。所以，郊野和都市的边界是涌动的、生长的，历史上众多美丽的都城如今只剩下断碣残垣与杂草共生，而过去的荒郊野外如今却变成了美丽的城市。所以，郊野和都市不过是既相互区分又彼此归属的两个不同的生活世界，而郊游就意味着行走在这相互归属的两个差异世界的边界上。我们尽享城市生活的华美但也承受它的焦虑、虚无和平淡甚至堕落，我们珍视郊野的生气远出但同时拒绝它的粗野、偏僻和贫瘠。穿行在城郊边界线上的游者，拥有两种视野，两种感悟。在华美的城市生活中注入一种生气远出的精神，在郊野的生气远出里看到华美的生活的渴望，两种生活的理念的暗中交织，大概就是郊游快乐的源泉吧。

回归生活篇

一、闲坐的乐趣

人的直立行走无疑是人类发展历史中的一个里程碑，随着手的解放和视野的扩大，它直接提升了人之为人的生存高度。手的解放使得人能够不断制造和改进工具进而推动社会物质生产的飞速发展，同时因为人的视野的扩展，一个令人惊异的广阔世界展现出来并对人的精神世界产生了不可估量的影响。西方的一位哲人就曾经说过："惊讶，这是哲学家尤其具备的一种情绪，除此之外，哲学没有别的开端。"哲学起源于惊讶的古老箴言表明了惊讶在人类精神史上不啻为一种伟大的生成力量。当然，物质生产和精神生产的不断进步，反过来又确证和巩固了人直立行走的生存形象。与动植物等自然存在者比较而言，这种生存的形象赋予了人以顶天立地的无比尊严。于是，靠自己的双脚行走在此大地之上，成了人生在世的基本生存姿态。

马克思的实践理论告诉我们，劳动创造了人。直立行走作为人生在世的基本生存姿态，就是和劳动密不可分的。于是，人的日常生活就离不开操劳和奔波。操劳作为操持，与人手相关。奔波作为一个永不停息的流水喻象，是与人的脚相关的，于是手忙脚乱便成为现代人的生活常态。为了生活的舒适和物质的满足，人们不得不加倍努力工作。林语堂先生在《生活的艺术》中以其幽默闲适的笔调描述了现代人的这一生存处境，他说："我想那森林中的野兽，它的第一个思想一定是说人类是惟一工作的动物。除了一些驮马和被逼在磨坊里工作的水牛之外，甚至家畜也都不必工作。警犬要执行职务的时候很少；看门的狗总是玩耍的时候多，并且遇到阳光温暖的时候，总要舒服地睡一下；那贵族化的猫更用不着为生活而工作，它有一个天赋的敏捷的身体可以随时跳过邻居的篱笆，它甚至不以为自己是一个俘囚——要到什么地方去就去。所以，这个辛苦地工作的人类，驯服地关在家屋里，没有谁供养他，被这个文明和复杂的社会强迫着去工作，为了自己的供养而烦虑。"工作和劳动本来是对人的本质的规定，本己的劳动一旦变异成为一种外在的目的，人的整个生活就会完全被片面的物质生活异化。这样，人一方面沉沦为劳动的动物，另一方面又被物化为劳动的机器。因此，那些理解了工作和劳动的生活意义的人们，便学会了忙里偷闲。与此相应，闲坐和闲躺就成为忙碌人生的另一种存在的姿态。

据记载，国王亚历山大慕名拜访犬儒学派的代表狄奥根尼，问他想要什么恩赐以便更好地生活，狄奥根尼躺在地上回答说："只要你别挡住我的太阳光。"这无疑是一种极其独特的生存姿态。林语堂先生则说："我相信人生最大乐趣之一是跷起了足弯卧在床上，为达到最高度的审美乐趣和智力起见，手臂的位置也很重要。我相信最佳的姿势不是平躺在床上，而是用软枕头垫高，使身体与床铺成30°角，一手放在头后。在这种姿势之下，任何诗人都能写出不朽的诗，任何哲学家都可以想出惊天动地的思想，任何科学家都可以完成划时代的发现。"对现代人而言，躺在床上看来是一种更为适合休息和沉思的姿势。

尽管对于劳累一天的人来说，闲躺有一种关切身心的妙处。但是人们通常的休闲姿势不是躺而是坐。从生理的角度讲，躺无疑有最佳的放松效果，但是过度的松弛也可能麻痹人的意志和造成循环系统节奏的减缓，最终落得个昏昏睡去。人们更多的是愿意坐而不是躺，大概还因为一种潜在的尊严意识在发挥作用的缘故。在人的生存姿态中，坐可能是最能显示身份和地位的一种方式了。古代的帝王上朝，都是正襟危坐，没有一个是站着的。即使是在今天，人们往往一走进这样那样的办公室，看到神气活现地坐着的人，便感到站在那里有点不自然了。中国人对位置，自古以来，有一种下意识的敏感。在我们幼小的时候，长辈们就谆谆教导我们吃饭要分清座向，上下左右，长幼有别。更不用说"教你站着就不得坐下来"的那些严厉的呵斥是如何让我们从小就对坐的神圣感充满了敬畏。

正襟危坐，多了一份尊严，却少了一份乐趣，惟有闲坐最能称得上自由和舒适的享受。物以类聚，人以群分。陌路相逢、趣味相左的人聚集在一起，气氛难免尴尬，只有朋友之间才可能享受到闲坐的滋味。亲朋好友之间的闲坐，当然离不开聊天、饮酒和品茶。聊天是闲坐的题中之意，于闲坐中和一二友人抵掌而谈，是一种极好的交流方式。聊天意味着一种彼此的分享，分享生活中的喜怒哀乐，也分享精神上的智慧成果。在分享中我们对自然、社会和自己的存在有了更深层次的感悟。“绿蚁新醅酒，红泥小火炉。晚来天欲雪，能饮一杯无?”读白居易的这首诗，又令我们想起坐在冬日的红炉炭火边围炉小饮的情景。窗外飘雪，屋内把酒。小饮无滥酒的醉意，于是人们在不经意中聊聊山水花木，再聊聊书里的人和事，拉家常，说家谱，话桑麻，再谈谈逸闻趣事。由于完全将自己置于日常生活的旋涡之外，一种朴实无华、真诚淳厚的东西在散淡的情怀中自然而然地生发出来。喝茶则让闲坐颇有几分“在人生边上”的况味，因而比之于那些行色匆匆的人们，闲坐又多了一份宁静。宁静不等于看破红尘，置社会与人生于淡漠，倒是让我们容易更平静地观审世界和人生。

闲坐既可以是朋友之间的共处，也可以是一个人的独处，独自一人的闲坐才是最大的快乐。朋友之间的相处，虽然无拘无束但总还有出于礼节的适当顾虑。即便是一起闲坐聊天，也有话题枯竭的时候。独坐不必搜寻话题填补言说的间隙，因此闲坐有了一种无言的快乐。独坐也可以随意地伸手动脚，因此它是一种彻底的身心自由。试想工作和劳动之余，独自一人坐在凳子或者沙发上，跷跷腿，抽一支烟，喝一杯清茶，翻翻闲书，看看报纸，这是何等的惬意。最妙的还是坐在椅子上，同时把脚搁在桌子或者其他东西上面，以减少臀部和脚部的水平差异，这时身体的感觉是最舒适不过了。由此可知，独坐的快乐，首先就是生理上的筋肉快感了。快感当然并不就是美感，因为一般的快感都夹杂着功利性的欲求。美在根本上是精神上的愉悦，是一种自由感。而自由不是随心所欲，随心所欲的欲望满足恰恰是人的精神上的不自由。自由在本意上就是自己由着自己、自己规定自己和规定他物，沉溺于欲望的刺激和满足则令我们欲壑难填、不能自拔，身心备受煎熬。虽然快感并不就是美感，但是感官的快适一旦和精神的愉悦产生一种和谐的游戏，美感中常常就会有快感的存在。独坐既不必操劳，也不必奔波。独坐解放了人的双手和双脚，于是人的筋肉得以放松，气血流通的节奏得到调节和舒缓，身体自然就有了上下通泰的轻松和快适。

独坐的快乐不仅是生理上的，同时也是心理上的。生理的感觉和心理的感觉有一种复杂的关系。一方面，生理的感觉和心理的感觉是相互影响的。就是说生理的感觉会导致心理的感觉，反过来心理的感觉也会导致生理的感觉。但是另一方面，心理的感觉与生理的感觉又是彼此分离的。一个人在身体上没有快乐和痛苦的时候，心理上也会因为对切己的人、事的关注而产生快乐和痛苦。那么心理的快乐是什么？它是心灵的满足。一方面，独坐因为身体的轻松和快适本身带来心灵的满足，另一方面，独坐本身因为心灵自身的放松也带来心灵的满足。烦是人生在世的基本情态，心灵的放松来源于人对烦恼的自觉决裂。古希腊、罗马神话说，有一位名叫烦的女子在河边走的时候，用大地上的泥土造了一件东西。这时天神走了过来，她就请求天神给予所造之物以灵魂。神愿意效劳，于是所造之物就有了灵气。这个有了灵气的东西究竟叫什么呢？女子和天神都想以自己的方式来命名，于是二者发生了争吵，其间大地之神特鲁斯也参与进来争夺命名的权力。最后他们只好让旁观者农神来作出裁定。农神认为，天神给了造物以灵气，物死后取走其精神，而大地之神得其身体。烦因为创造了它，所以占有造物活着时候的肉体即生命。最后，农神说，至于命名，还是叫 Homo 吧。Homo 来自 Humus，词根 hum 在英语中就有泥土的意思。烦所造之物，也就是人，古希腊关于人的这一神话力图表明烦恼是人生在世的基本生存处境。人活在世上，不仅要和物打交道，而且要和人打交道。和物打交道就是操劳，和人打交道就是操心。在操劳和操心中，烦恼本身显明了自身。但是，独坐既不直接和物打交道，也不直接和人打交道，它显然断绝了操劳和操心的可能性。同时，独坐也与间接操劳和操心的可能性相分离。这是因为人独坐的时候，得以可能静下心来思考那已经或将要与自己打交道的诸多人物和事情。这时，我们就不是被置身于人事的复杂关系之中而是站在事情之外从而与之自觉地保持一段距离。沉溺于复杂的人事关系令我们充满烦恼甚至是痛苦，置身事外则是对它的一种认清或揭示，这就是所谓旁观者清。揭示而不是沉溺于烦恼和痛苦，于是烦恼和痛苦就转化成了心理上的欢乐，这就是所谓由直观而得解脱。

与生理上的快适和心理上的快乐相比，独坐的最高境界是一种忘境。忘境既超越生理上的快适又超越了心理上的快乐，它是一种悦志悦神的心灵状态。昔日庄子借孔子和他的弟子颜回的对话，把这种超越的心灵状态称为坐忘。《庄子·大宗师》说："颜回曰：'回益矣。'仲尼曰：'何谓也？'曰：'回忘礼乐矣。'曰：'可矣，犹未也。'他日，复见，曰：'回益矣。'曰：'何谓也？'曰：'回忘仁义矣。'曰：'可矣，犹未也。'他日，复见，曰：'回益矣。'曰：'何谓也？'曰：'回坐忘矣。'仲尼蹴然曰：'何谓坐忘？'颜回曰：'堕肢体、黜聪明，离形去知，同于大通，此谓坐忘。'"孔子曾经盛赞颜回的清贫而乐道是"一箪食，一瓢饮，居陋巷，人不堪其忧，回也不改其乐"。坐忘的颜回不仅悬置了礼乐仁义的道德，而且悬置了人所可能具有的一切情识欲望。可见庄子所讲"堕肢体"，也即是要摆脱形累，摆脱与生俱来的欲望；"黜聪明"则是要摆脱后天而来的知性之累和忘掉道德是非之心。我们不要以为庄子的消解形累、知累是要彻底消灭和否定欲望、形体与识见，如果真是这样的话，就可能会人将不人了。坐忘的实质是通过把形累、知累悬置起来而不为其所束缚、所奴役。坐忘进而同于大通则是因超越而同于自然大道、获得大自由，因此坐忘不仅不是心灵的沉寂和空无，反而恰恰是一种超越了日常之我的那种心旷神怡、虚静恬淡而又生动愉悦的心灵状态，是在"忘"的境地中艺术心灵的诞生。宗白华先生在论及文艺的"空灵"时指出："艺术心灵的诞生，在人生忘我的一刹那，即美学上所谓'静照'。静照的起点在于空诸一切，心无挂碍，和世务暂时绝缘。这时一点觉心，静观万象，万象如在镜中，光明莹洁，而各得其所，呈现着它们各自的充实的、内在的、自由的生命，所谓万物静观皆自得。这自得的、自由的各个生命在静默里吐露光辉。”因此，在独坐的忘境中，不仅忘我，而且忘物，毫无粘滞。而忘怀物我恰恰是让人回到了人本身，物也回到了物本身。回到了人本身和物本身，意味着人和物的双重解放。于是，日常生活中的操劳和操心就获得了崭新的生活意义。换言之，我们的生活正好是在操劳和操心的烦恼中获得了意义，因为我们在更高的层次上懂得了那就是我们的生活本身，这犹如诗人赫尔德林所吟唱的那样：“充满劳绩，却诗意地居住在此大地之上。”

洞见了生活世界本性的忘境，在情态上是忘我忘物，在意向上是心灵的自由感，这种自由感也是对一种随缘任运的人生态度的显示。据典籍记载，禅师“药山一日坐次，道吾云岩侍立。师指案山上枯荣二树问吾曰：枯者是荣者是？曰：荣者是。师曰：灼然一切处，光明灿烂去。又问岩：枯者是荣者是？曰：枯者是。师曰：灼然一切处，放教枯淡去。高沙弥忽至。师曰：枯者是荣者是？曰：枯者从他枯，荣者从他荣。”后来草堂清禅师以此作颂说：“云岩寂寂无窠臼，灿烂宗风是道吾。深信高禅知此意，闲行闲坐任荣枯。”闲行闲坐任荣枯，正是对随缘任运而又生机勃勃的生命境界的写照，这境界也即是禅境。我们在唐代诗人王维的诗歌中也可以大量地读到这种生命的诗境和禅境。比如王维禅诗之名篇《鸟鸣涧》“人闲桂花落，夜静春山空。月出惊山鸟，时鸣春涧中。”读来脍炙人口，圆照动寂。而《终南别业》中“行到水穷处，坐看云起时”这样的名句，更是把闲坐时的无生无死、无染无净、无悲无喜的人生境界，悟得个玲珑剔透，不落痕迹。

闲坐充满了乐趣，特别是独自一人闲坐，既有身体上的快适和心理上的快乐，又有心灵上的自由。为名、为利，一生碌碌，忙得多了就会失去生存的意义。大千世界，红尘滚滚，闲得多了，也会产生无聊和空虚。人生在世，尽可能既要忙中偷闲，同时又要闲得名副其实。在闲坐的寸金光阴里争得一点闲云野鹤般的时光，这不只是人生的一次小憩和养精蓄锐，也应该是一种艺术的人生吧。

二、运动的快乐

“我运动所以我快乐”，这无疑是“生命在于运动”这一生活箴言的最好注释。生命的运动当然不仅仅指狭义上的身体活动，而且同时包括了更高一级的精神活动。但即使是最高级的精神活动也还是从身体活动这一基础出发的，这也就是说生命的运动始终与身体相关。就狭义上的身体活动而言，它不仅涉及身体自身的感觉和对身体的感觉，还涉及身体的感性活动本身。因为美在广义上就是快感，不仅有生理上的快感，同时也有精神上的快感，所以运动不仅相关于健康，而且相关于审美。如果说运动的快乐是以身体的快感为基础的话，那么，首先身体究竟意味着什么？

随着日常生活的审美化，有关身体的各种现象也前所未有地向现代人的生活世界开放，身体越来越成为人们津津乐道的话题之一。在思想解放的短短几十年间，人们不仅开始敢于大胆地表达身体的欲望，而且毫不隐晦自己对身体美的种种追求。这种表达和追求，几乎渗透在现代人生活的各个领域。比如，在言谈的层面上，人们不再如过去那样为谈论身体而感到羞耻；在形象方面，从性感个性的时装、美容化妆到人造美人的风行，无不显示出人们对美的身体的渴望；从身体欲望的表达上看，人们在各种报刊杂志和网络媒体上随处可见人体美的展示，甚至在文学艺术创作中也涌现出了一大批美女作家所谓的身体写作和下半身写作；更不用说在日常生活中的瘦身、健身等各种身体活动的自觉追求了。总之，身体几乎成了我们感受和理解五彩缤纷的现代生活的一个关键语词。

其实，人类对于自身身体的关注，可以说同人类的诞生一样古老。传说中的亚当和夏娃因偷吃禁果而被逐出伊甸园的神话，实际上可以被看做是人类开始意识到自己的身体性存在从而脱离动物的一个隐喻。早在原始社会的蒙昧时代，人类就懂得了用颜料或其他的事物来纹饰和美化自己的身体，或借以达到娱人和娱神的目的，或者以之作为一种工具来恐吓野兽和其他部落的敌人。我们也可以通过历史或艺术作品了解到古代希腊人对“美育”与“体育”的有机结合，其间大量的雕塑艺术品就充分地展示了人们对人体美的欣赏和赞美。当然，通过体育达到身体的美，同时也生动地体现在东方的瑜珈、气功和武术等强身健体的活动之中。

但是，历史上人们对身体究竟持一种什么样的观念？

中国传统思想中的儒家和道家思想各自形成了对于身体的观念。道家强调了身体的自然性，即身体是从属自然的并被要求回归于自然。杨朱宣称他不会做拔一毛而利天下的事情，庄子也通过寓言的方式充分肯定了对人的自然美的追求。与此不同，儒家给予身体以社会性的规定，即身体必须合于礼乐的尺度，孔子是这一思想的代表。但中国传统思想在思考自然和社会对于身体规定的时候，基本上忽略了身体自身的特性。庄子在天人合一意识的支配下，一方面肯定人的自然美，另一方面又否定了身体本身的个体差异性和感性欲望的无限丰富性，例如他的“堕肢体，黜聪明，离形去智，同于大通”的“坐忘”思想就是要求人舍弃感性的情识欲望，回到无情无识的自然大道。儒家思想对身体的个体差异性和感性欲望的无限丰富性的否定，突出地表现在孔子“文质彬彬，然后君子”的人格美追求的偏向，到汉代《毛诗序》则明确地提出了“发乎情，止乎礼仪”的基本原则。即使到了魏晋时期人的觉醒时代，大量的人物品藻所表达的有关身体的思想，也同样要么不是受自然的规定就是受礼乐的规定。特别是到宋明理学提出存天理、灭人欲的主张，身体的礼乐规定达到了无以复加的程度。综观中国的传统思想对于身体所持有的观念，尽管其间间或有一些从身体本身出发的身体认识，但从整体上看大多还是从身体之外来审视和规定人的身体，那种活生生的具体的身体始终在人们的思想之外。

在西方的传统思想中，身体自身同样被忽视了，这突出地表现在身体长期以来处于被理性所规定的地位。早在古希腊，人们就接受了“人是理性的动物”的这一存在的基本规定。这一规定表明肉身是人的动物性的欲望和冲动，而精神则是人的理性。精神建立根据和说明身体的根据，肉体的欲望则要被禁止，这是柏拉图主义的基本思想原则，到中世纪它已经深深地渗透到了基督教的思想之中。在中世纪基督教的思想视野下，绝对的上帝就是最大的理性，他不仅创造了世界，而且创造了人。从上帝之眼来审视人，人的肉体就是肮脏的甚至是邪恶的，只有灵魂才是纯洁的和美好的。身体是此岸性的而灵魂是彼岸性的，所以人要否定自己的身体，因为只有在对欲望的舍弃中人的灵魂才能超升到与上帝合一。只是到了近代，人自身的感觉和理性才逐渐从上帝的束缚中解放出来。但是，这一解放并不意味着身体的自由和解放。在近代思想中，感觉总是我的感觉和对一个对象的感觉，我感觉对象就是我规定对象。我不仅规定对象，而且我规定自身。但是这个“我”不是日常生活世界中感性的具体的我而是自由的先验主体性。因此，感觉的根本意义就在于它是先验主体的自由设定，换句话说，不是上帝的理性而是人自身的理性规定了人的感觉，这种理性的自由规定典型地反映在从康德到黑格尔的整个时代的思想进程之中。彭富春先生在《哲学美学导论》中指出：“随着现代思想对于传统思想的反叛，身体的意义得到了重新的理解和解释。不再是理性，而是存在或生命规定人的身体。”其中，特别是主张颠覆一切传统价值的尼采对上帝死亡的宣判，把生命的冲动和创造力意志提升到了前所未有的高度。尼采在其所讴歌的酒神冲动的超人这一形象中，要求人的思想直接回到身体这一出发点。但尼采所认同的身体不仅仅意味着它的生理力量和冲动，而且意味着身体本身蕴藏的创造力感觉，这样的身体是人及其所属的世界存在的惟一根据。于是，身体得到了新的理解和解释，它不再只是抽象的、一般的理性之物，而是富有生命力冲动和创造力感觉的感性存在。后现代的思想家把这一思想推向了极端，他们认为回到身体自身，就是回到身体直接的肉体性。但这样理解的身体实际上是被欲望所规定的，在所谓“一切都行”的后现代思想口号中，感性的身体成为欲望的生产对象和可消费对象。而身体的欲望性的生产和消费就是享受，让自己享受同时也让他人享受。

上述种种对身体的认识，不是从身体之外例如儒家的礼乐和西方传统的理性来理解和规定身体，就是把身体狭隘化为欲望的机器和一种本能的冲动。实际上，身体不仅是父母已经给予我们的自然存在，而且是我们自己通过话语建构起来的文化存在。我们在自然冲动的推动下不仅感觉外在的各种事物，而且感觉身体自身在与外在世界打交道时所形成的各种内在的生理和心理的感觉。更为重要的是，我们通过身体比如大脑等说出了并不断在说出身体的种种内在和外在的感觉，由此形成了身体从自然向文化的生成。这即是说，身体首先是直接的肉体性的存在，其次，肉体性的身体存在不仅充满欲望，而且充满智慧。总之，身体是欲望和智慧交互生成的本源之地，或者可以说它就是欲望和智慧的交互生成本身。

从身体自身出发来理解身体，我们对运动就有了新的认识。这意味着运动作为身体的感性活动，就是充分地去享受身体，不仅享受身体的种种生理和心理的快感，而且享受身体在文化生成中的美的提升和塑造。

无论是借助于电视传媒，还是通过现场的观赏，各种体育的竞技运动无不令我们为之动容。对于空闲生活中的人们，各种体育赛事几乎就是人生难得的节日和盛宴。对球类运动的爱好者来说，精彩激烈的 NBA 篮球赛事，眼花缭乱的英超、意甲和西甲等足球联赛以及世界杯赛，足以令人兴奋不已。对于田径爱好者来说，各种世界级的锦标赛和四年一度的奥运会同样令人废寝忘食。而体操优雅的技巧和跳水完美的动作对任何人来说，都有一种如坐春风一样的心旷神怡的感觉。还有优美的冰舞、悲壮的拳击和挑战自我的举重等活动，也无不让人心醉神迷。兴奋也好，心旷神怡也好，心醉神迷也好，都说明了运动能给人带来无穷无尽的快乐。为什么这些运动会如此令人陶醉？美学家谷鲁斯曾把审美感知的活动描述为一种“内摹仿”活动。他举例说：“例如一个人看跑马，这时真正的摹仿当然不能实现，他不愿放弃座位，而且还有许多其他理由不能去跟着马跑，所以他只心领神会地摹仿马的跑动，享受这种内摹仿的快感。这就是一种最简单、最基本也最纯粹的审美欣赏了。”用纯粹的想象性的筋肉快感来说明内涵丰富的审美心理活动，当然有它的局限性，但就体育运动的审美欣赏而言，内摹仿说无疑切中了运动审美的某些实质。对于无所用心的旁观者而言，内摹仿的观点或许并不说明什么问题，但是绝对超然的旁观者是不存在的，只要是运动的爱好者，对于运动审美都有几分投入。而对于那些审美的投入者而言，往往会在前锋射门的一瞬间不由自主地扭身动脚，会为体操运动员的惊险动作捏一把汗，会随着冰上的芭蕾舞姿而翩翩起舞……总之，体育运动的美感经验，大多有内摹仿的筋肉感觉经验在里面。这种筋肉力量上的生理感觉，触动生理和心理的各种变化并最终转化成为一种审美性的快感。

但是，我们这里所谈的运动既不是专业化的竞技性运动也不是对体育运动的欣赏。因为绝大多数现实生活中的人们，都不是专业的运动员也不可能成为专业的运动员；同时，这种体育运动的欣赏也不同于现实的、切己的身体运动。我们这里所谈的运动，主要是日常生活中的休闲锻炼活动。

日常生活中休闲锻炼的运动，是从身体本身出发的健身活动。对于中老年人来说，一些比较适宜的强度较小的运动有结伴郊游、跳舞、散步和打太极拳等。对于青少年而言，他们喜欢的是一些强度较大的运动，比如篮球、足球等球类运动，还有跑步、游泳、滑冰、体操和登山等。日常生活中的休闲锻炼活动不胜枚举，不同的人一般根据自己的年龄和身体状况以及兴趣爱好择善而从。我们可以设想，一位老年人在傍晚时分的一次轻轻松松的散步，其身心的舒适是决不会亚于一个年轻人在健身中心锻炼整整一个下午后的那种满足感的。因此，就锻炼的实际效果而言，除了健身和健美之外并没有其他绝对的衡量标准。

休闲运动丰富多彩，进行一些我们所喜欢和适宜的休闲锻炼活动，这不仅会让忙忙碌碌的我们获得一份清闲，更为重要的是，在休闲锻炼活动中我们可以不断地调整我们疲惫不堪的身体从而真正去享受身体和生活的快乐。那么，从身体出发的休闲运动所馈赠给我们的究竟是一些什么样的快乐呢?

从身体内在的感觉讲，首先就是生理上的筋肉美感。与谷鲁斯的内摹仿所说的那种想象性的筋肉美感体验相比，休闲健身运动是切身的活生生的筋肉美感经验。也许从传统理性主义的审美眼光来看，这根本不算是什么美感体验。传统理性主义的美学观所追求的是超功利的精神快感，于是肉身性的感性体验就被视为一种功利性的快感而完全被否定了。正如前面我们所论述的那样，身体本身是欲望和智慧的交互生成。没有智慧指引的欲望是欲望的泛滥，同样，没有欲望推动的智慧是干瘪空洞的智慧。实际上，欲望和智慧共同置身于身体本身的肉身性存在。因此，从当代的审美眼光来看，肯定肉身性的感性经验也并不一定就是功利性的。所谓功利，就是以外在的手段来达到自身一定的目的。如果我们从身体的肉身性存在本身出发，来感受和理解运动中的这种舒筋活血的美感经验的话，我想大概谁都不会否认这种经验不外乎是身体自身对自身的感觉，是身体自身对自身的调整以达到身体自身有机和谐的目的。所以，我们完全可以理直气壮地肯定运动中舒筋活血的感觉所带来的是一种快乐的美感体验。不仅如此，筋肉美感还会进一步深化和凝聚而成为一种生命力的美感。通过筋肉的活动，人体内在的循环系统的运动得以加强，比如一些强度较高的健身运动大大地促进了血液和呼吸活动的频率，于是心跳的加速和大脑的兴奋表现出生理力量的提高。这种生理性的生命力一旦被身体所感觉并不断被强化，最终在人的意志冲动和意识形态里升华出一种精神性的生命力的充溢之感，这就是尼采所神秘化了的创造力的生命意志。生理性的生命力量和精神性的生命力量所共同形成的创造性的生命力的充溢，常常表现为一种激情昂扬的生命风采。这种生命风采也是青春的风采，因为青春不仅仅是一个年龄问题，更是一种精神的境界。这样的青春意味着一个人对自我的创造力生命的肯定，意味着永不言老和永不言败。我想，可能没有别的什么事情能比运动更能赠与我们以生命的青春感了。

在休闲健身活动中，我们不仅真切地体验到筋肉的美感和生命洋溢的青春美感，而且还自觉与不自觉地欣赏和塑造健康健美的形体美感。外在的形体美，固然包括容貌的美但又不限于容貌的美，甚至可以说容貌的美仅仅是形体美很小的组成部分。如果说形体美是人体的一件综合艺术品的话，组成它的艺术元素不仅有内在的灵魂和生气，还有外在的容貌、体质和优美的动作等。从休闲健身的角度讲，运动给人的形体美感主要是一种在体质上生气灌注的健康、健美感和动作上优雅流动的艺术美感。运动中的身体，不仅有内在的感觉，而且有外在的自我意识，就是说我们把自己的身体当做一个审美的对象来欣赏和塑造。经过身体锻炼，我们会明显地感觉到体质上的各种变化，比如肤色黑得发亮或者更加红润、肌肉也变得结实、骨骼显得更加粗壮有力等。这种体质上的变化给人带来真切而实在的快乐，有如婴儿的茁壮成长，又犹如年长者的返老还童。外在形体的美主要还是一种静态、自然的美，而优雅流动的动作则给人一种艺术化的美感。培根说："就形貌而言，自然之美要胜于粉饰之美，而优雅行为之美又胜于单纯仪容之美。"在文学艺术作品中，就有不少关于优雅行为之美的刻画，例如《孔雀东南飞》里就把悲剧主人公刘兰芝辞别夫家时候的步履描述为"纤纤作细步，精妙世无双"。日常生活中的优雅行为之美也比比皆是，就举手投足而言，女性的婉转轻盈和男性的洒脱大方就常常给人一种艺术化的享受。有人认为，从事各种健身运动仅仅是出于身体健康的考虑。健康的感觉当然是健身运动的快乐之一，而对健身活动中的动作之美的自觉欣赏，同样渗透在健身运动的快乐之中。行为优雅之美，可以说突出地体现在各种体育运动之中。篮球运动中惊心动魄的大力扣篮、足球运动中眼花缭乱的巧妙过人、跨栏运动中的平衡和节奏感、跳水比赛中转体的协调和流畅，还有短跑运动中暴风骤雨般的飞人形象等，把人体的动作行为之美发掘和演绎得淋漓尽致。即使是在强度较小的健身活动中，我们也何尝不是按照美的感觉和规律来欣赏和塑造身体的各种姿势和动作？一曲富有节奏感的舞蹈，其动作的摇曳多姿让人有一种自我陶醉的强烈感觉，哪怕饭后一次漫不经心的散步，在其平衡和协调的步态中也暗含一种艺术化的感觉成分。

我们知道，身体不仅表现为肉身性的存在及其各种感觉，而且它本身还是一种活动，就是说它总是要和其他事物打交道。正是在与外在事物打交道的过程中，身体形成了一个世界。这意味着身体不仅有一个世界，而且它就是这个世界。世界不是外在于身体，对于身体可有可无，而是身体的最直接的感性显现形态。运动作为一种感性具体的活动，充分地揭示了身体的世界性。比如在郊游活动中我们直接与自然景物对话，在集体性的健身如舞蹈等活动中我们直接与他人沟通，在晨跑中我们与新鲜的空气完全融为一体。运动对于身体的世界性的揭示，有着非同寻常的意义，因为它直接把我们的存在引向了一个特别的时间和空间之中。这一时间和空间与日常生活中的狭隘时空相比，它更为广阔，充满了生气。在这个充满生气的广阔时空里，我们的心灵得以舒展，犹如置身于辽阔无边的草原。日常生活充满了种种烦恼，特别是在独处一室的时候最是让人挥之不去，这也大概印证了前人所说的闲愁最苦。但是，我们在健身活动所展开的那个自由自在的世界里，这些烦恼和闲愁轻而易举就被融化了。

“左三圈右三圈，脖子扭扭屁股扭扭，早睡早起咱们来做运动”，范晓萱的一首健康歌曾经一度令小孩子着迷。其实，不仅儿童而且我们每一个人都应该有“生命在于运动”的生活理念。正如我们已经论述的那样，运动不仅给人带来健康和健美，而且赋予我们青春的生命感和心灵的自由感。健康和健美，青春和自由，这应该是运动的快乐所在吧。

三、饮食之美

从“民以食为天”的千年古训，到今天正在努力实现的彻底解决温饱、奔赴小康生活的致富理想，有史以来吃饭问题始终是一件事关国计民生的大事情。食色，性也。孔子把人生大欲，归结为食色两点，用通俗的话来说，就是食欲和情欲。情欲涉及种族的繁衍，目的是为了种族的身体不至于消失，它首先表现为生殖，然后是在身体的快乐中升华成为伟大的爱情。食欲则维系着个人的身体不至于死亡，因此，吃饭也可以说是我们的生命之中事关生死的大事。毫无疑问，这是因为我们绝不是往来于天地之间的精灵和不食人间烟火的神仙，而是实实在在的肉身性的存在者、能死者和要死者。我们通过吃饭摄取营养以避免衰弱、疾病和死亡，就像植物把根深扎于大地之中获得养料维系自身的生长和存在一样。如果说圣人还可能借崇高的德行抵制情欲的引诱的话，那么，还从来没有任何一个人能成功地克制过对饮食的欲求。有些苦行者试图过一种禁欲的生活，但即使是那些得道的圣人和贤人，也不能无视饮食对于生存的意义。至于禅宗大师所言“终日吃饭，未曾吃着一粒米”的至上境界，权当是强以吃为不吃罢了。

吃饭不可避免，吃饭无罪。而清代美食大师李渔在《闲情偶寄·饮馔部》中说：“吾观人之一生，眼、耳、鼻、舌、手、足、躯骸，件件都不可少。其尽可不设而必欲赋之，遂为万古人生之累者，独是口腹二物。口腹具而生计繁矣，生计繁而伪诈奸险之事出矣，伪诈奸险之事出，而五刑不得不设。君不能施其爱育，亲不能遂其恩私，造物好生而不能逆行其志者，皆当赋形不善，多些物之类也。草木无口腹，未尝不生；凹石土壤无饮食，未闻不长养；何事独异其形，而赋以口腹？亦当使如鱼虾之饮水，蜩螗之吸露，尽可滋生气力，而为蹼跃飞鸣。若是，则可与世无求，而生之患熄矣。乃既生以口腹，又复多其嗜欲，供一物之所耗而不足者。吾反复推详，不能不于造物主是咎。亦知造物于此未尝不自悔其非，但以制定难移，只得终遂其过。甚矣，作法慎初，不可草草定制！”李渔把人世间的种种罪过统统归之于口腹生计，并对造物主颇有微辞：要是人生来就如草木土石根本没有口腹，或如虫鱼那样餐饮水露，人间是非恩怨，千般计较，就一了百了了。但事情远不是这么简单，我们生来为人，无论如何都否定不了要吃饭这一基本的事实。吃饭就是吃饭，同时，吃饭充饥的活动还是推进一个人的生活乃至整个社会的发展的动力。从事情本身出发，撇开那种餐西风、饮水露的不切实际的纯粹幻想，口腹之乐到底还是一个人生命中难得富有乐趣的几件事情之一。试想一个饥肠辘辘的人，在面对盛宴的时候是多么容光焕发，而当他的肚子填满食物的时候，身心上的无穷快感会让他情不自禁地感叹此刻的人生是多么的美妙。作家林语堂先生曾经说："我们的生活不是在神的掌中，而是在我们的厨子的掌中。"这实在是一个简明朴素的生活真理。如果一个人能算算日常生活的各种事情，想想这人世间到底有几件东西能够给他带来真正的乐趣，精美的食物肯定是不能少的了。

孔子就是这样一个真正懂得生活情趣的美食家。从日常生活的经验出发，为了让吃饭这件事情变得更有滋味，他提出了"食不厌精，脍不厌细"饮食主张。食不厌精指的是谷物要舂得越白才越好，脍不厌细则是说鱼肉切得越细就越好。此外，他还有一个更为特别的讲究，就是肉"割不正，不食"，就是说他是绝对不会吃那些不按照正确的方式乱割而成的肉的。在孔子看来，动物的肉都有一定的理路，在切割时应分清肉块的部位、严格地按照它的纹理来处理，若不依规矩，胡乱切割一通，就会破坏食物的味道，不能做出美味佳肴。且不论"食不厌精，脍不厌细"和"割不正，不食"的主张是否一定有道理，这种精细的考究显然是力图要把普通的吃饭问题提升成为一种美食的活动。鲁迅先生曾经怀疑孔子可能是得了胃病，因为他既不是百万富翁，又不收取著书立说的版税，还对饮食有如此这般的苛求。令林语堂先生迷惑不解而又备感兴趣的则是：到底是孔子因为自己的妻子不会烧东西而要跟她离婚呢，还是他的妻子自愿离家出走以避开这个吹毛求疵的人生艺术家？关于孔子的胃病和离婚的公案，已经是无从考证的千年往事了。但是，从孔子的吃饭思想里面，可以看出无论是对凡夫俗子还是贤达圣人来说，吃饭的问题实际上还可以成为一个重要的艺术问题。

毫无疑问，吃饭的重要性首先是果腹充饥，但是当饥饿感满足之后，人们的饮食行为就不再仅仅是满足口舌肠胃的需要了，它同时要求充饥的活动成为美食的行为。就是说吃饭不是追求一般地吃饱，而是要追求吃得好，吃好也不是一般意义上的吃好，而是要吃出美和艺术，将吃饭作为一种审美和艺术的活动。

吃饭作为一种审美和艺术的活动，首先要求有精美的食物，它不仅要求食物的多样和营养，而且要求色、香、味、形一一俱全。曾经有人风趣地指出，美国人是用脑吃饭，法国人是用心吃饭，日本人是用眼睛吃饭，而中国人吃饭讲究的是个味道因而是用嘴吃饭。我们知道，美国人重视饮食营养，讲究大块吃肉，牛排、鸡肉、鸡蛋外加各种乳制品，营养含量自然可观。法国盛产葡萄酒，爱喝葡萄酒的法国人，最讲究的是酒和菜肴的关系，餐前、餐中、餐后以至于吃哪道菜要配哪种酒都有一定的规矩。法国人也没少吃多少肉，可是患富贵病的人却并不多见，他们把健康的原因归之于喝了葡萄酒。看来酒与菜肴的奥妙关系，不能为外人道也，而是要用心才能体会出来。日本人热衷于菜肴的装饰性，讲究馔肴的造型、调色和装饰。精美的食具里摆放上精心装饰的食物，看上去像是一件精雕细刻的工艺品，让人大饱眼福，但是中看的不一定中吃。说中国人用嘴吃饭，是因为中国人吃饭特别重视食物的滋味。对于饮食习惯的民族差异的区分，当然只是相对的，但是有一点是可以确定的，那就是对于“味”的追求的确是中国自古以来饮食文化的一个重要方面。据《吕氏春秋》记载，早在商朝，庖人伊尹就已经开始给国君讲解什么是烹饪和美味的最高境界，“凡味之本，水最为始。五味三材，九沸九变，火为之纪。时疾时徐，灭腥去臊除膻，必以其胜，无失其理。调和之事，必以甘酸苦辛咸，先后多少，其齐甚微，皆有自起。鼎中之变，精妙微纤，口弗能言，志弗能喻，若射御之微，阴阳之化，四时之数”。伊尹本来是奴隶出身，小时候寄养于庖人，耳濡目染，所以熟悉和精通烹饪之术。他凭借于炉火纯青的烹饪技术，得以由厨入宰，做了汤王的大臣，可见饮食美味，在上等人物口腹中的地位。当然，在漫长的岁月里，有很多人根本就吃不上饭，平民百姓所吃的也大多是些简单的家常便饭，烹调起来也不复杂，不外乎蒸、煮、炒之类。这样的饮食，只是为了果腹而已，至于饮食营养、食物的装饰，大都还谈不上。只有那些拥有权势和财富的人，才有条件追求奇珍异兽的美味。尽管如此，对于美味的追求，在我们的饮食文化中历史性地积淀下来，并且延伸到了我们民族审美文化心理的深处。

汉语语境中的“美”，有一种解释就是起源于饮食。“美”字在最初，表达的并不是一种视觉上的感受，即我们今天在通常意义上所说的漂亮，而是与味觉密切相关的。东汉许慎的《说文解字》对“美”的解释可以支持美的观念源于饮食这一看法："美，甘也。从羊从大。羊在六畜主给膳也，美与善同。"许慎是从美字的形体结构来探讨美的语义的，所谓"从羊从大"。甘指的就是食物味道的鲜甜，所以羊大为美的说法，不是视觉感受的传达，而是说肥硕的羊肉，吃起来会有一种不一般的感觉。那种丰富细腻、复杂多样的微妙感觉所引发的身心愉悦，就是一般意义上的美。生理感觉本身的目的，仅仅是为了满足功利的欲望。但是味觉的生理感受之所以能转化成为心理和精神上的愉悦，乃是因为感觉变成了感觉的感觉，而不是对食物的感觉。也就是说，对食物的味觉感受变成了味觉自身的回味。回味是美的，我们在日常生活中还常常用回味无穷一词来表达我们当下的一种美感。总之，美与味密切相关，在汉语语境中，美与味几乎可以互换。因为味的含义在使用过程中，已经远远超出了单纯生理感觉的限度。当辛晓其歌唱"闻闻你身上的味道"的时候，所表达的是丰富的情感回忆，当我们说一个人有品有味的时候，已经是把艺术的情调、道德的尺度和人格的修养等赋予其中了。但不管怎么说，美的词源意义表明，在中国文化里，美是以口舌快感作为源头的，并在此基础上升华成为一种精神的快感即美感。食必求饱，然后求美。吃饱仅仅是生理上饥饿感的满足，美却是口腹之欲得到满足之后的进一步展开。这就不仅要求食物是充满营养的，而且要求饮食的行为活动及其环境气氛是要有益于我们的精神生活的。

吃饭在根本上就是一件求饱求美的事情。在社会物质条件不断改善的今天，我们越来越享有完善生活的现实性和可能性。但是，生活的进步也带来了一些生活的片面化，使得饮食的活动偏离和远离了吃饭的事情。

首先是消费时代的饮食快餐化。社会的发展加快了生活节奏和人们行动的步伐，同时也打破了传统农业社会的从容、闲散的生活方式，时间变得十分宝贵。因为方便、简捷甚至是时尚，快餐食品如今几乎成为都市饮食中的一种主流。不管是时尚的少男少女还是紧张忙碌的上班一族，快餐逐渐在演变成吃饭的代名词。除了方便盒饭之外，汉堡包、麦当劳、肯德基等洋快餐更是备受青睐。但快餐食品带给我们的首先是健康的问题，营养学专家一再指出，快餐食品失衡的营养成分和超高的热量供应是造成现代人缺钙、缺铁、缺维生素等诸多营养物质的主要根源之一。更为重要的是这种饮食活动正在塑造一种虚假的饮食文化心理。就拿洋快餐来说，品味外国风味的饮食可以满足人们思想开放、追求时尚的心理需求。但其暧昧之处在于，它以简单和快捷的方式无情地否定了餐厅和厨房，同时又蓄意营造出一种与正常的烹饪、进食过程相类似的环境氛围。快捷的东西是简单的但往往又是表层的、漂浮的、招摇的和单调的，所以它难以永远、甚至永远也难以叩动人类丰富敏感而又深沉质朴的心灵。

还有一种奢华的吃风，也是在吃饭的事情本身之外。满桌子的山珍海味、丰盛佳肴，尽管也能满足口舌肠胃的生理需求，但是它常常可能被聪明人加以利用。这时，吃饭是闲事，借吃喝以说事情成为正事。于是各种交易，在一吃一喝之中早成定数。有人说旧日官僚的升迁，和他宴请的次数成正比。现在社会上也有那么一些乖巧之人，不惜重金，借吃喝拉关系，走门子。这样的吃饭好像也还是在吃饭，实际上根本就远离了吃饭，因为连吃饭这一基本生理需求，都已经精心地被算计在那早已布好的圈套里面了。总之，吃饭成了一种技术、工具。

吃饭不是时尚，也不是本能的狂欢，更不是交易。吃饭应该是一件朴素简单的事情，也是每一个热爱生活的人一生中特别值得关注和珍视的事情。吃饭既满足我们生理的需求，同时也为我们提供精神的养料。人只要是人的话，他生来就是与动物相区分的，因此他的饮食本能一开始就是属人的。小孩子的吃饭就有一种游戏的本能，当他边吃边玩的时候，大人总是要想方设法去哄他才行。动物完全凭借冲动占有食物。而人可以以游戏的方式自由地支配食物，与食物保持一定的距离。尽管如此，人如果仅仅是利用食物以达到外在的功利目的的话，也还根本不算是吃饭，只有在为吃而吃中升华出对生活世界的感情，才是真正意义上的吃饭。餐桌是一个神奇的地方，也许上面的菜肴并不丰盛也不珍奇，但无论是和亲人或朋友共餐还是闲时一人进餐，只要我们对生活还充满感激之情，就像圣餐前的祈祷那样，我们就会直接领会到吃饭有一种巨大的力量正在把许许多多美好的经验聚集起来，它们可能是对生活的回忆和期待，可能是对亲情和友情的珍惜，也可能是在艰辛的劳动和忙碌的工作之后的那种充实等。

孔子曾经由衷地赞叹颜回之贤，因为他虽然居住在一个简陋的小巷子里，过着一箪食和一瓢饮的简朴生活，人们都难以承受，而他却无忧无虑，自得其乐。颜回的生活时代远不能和物质生活条件不断进步的今天相比拟了，我们也完全可以不去理会圣人苦中求乐的人生功课，但是那种吃饭的心态和境界，却是令人称羡的。浓情白米饭，蔬菜也飘香，热爱我们的生活，可能首先就要热爱我们的桌子，因为爱和美也属于餐桌边的时光。

四、逛街之闲

说到逛街，住在城市中的人，大多有过逛街的经历。但是，现代城市的发展也许令不少的人对逛街深感厌恶。随着社会的进步和经济的发展，城市的现代化水平不断在提高。但在追求现代性的发展过程中，由于不发挥自身的特色反而一味追求庞大，城市规模变得越来越臃肿。这些现代城市看起来生气勃勃，仿佛在一夜之间变得车水马龙、人潮汹涌。实际上，在这生气勃勃的繁华背后，大多充斥着一股浓浓的、物质化了的商业气息，人文的生存空间和优雅的生活基调随着鳞次栉比的高楼大厦的辉煌现身而日渐黯然退出人们日常生活的舞台。特别是节日期间的大街小巷，人头攒动，车来车往，拥挤不堪，各种喧闹更是不绝于耳，人们于是对于逛街莫不望而却步。当然，大多数城市特别是一些中小城市，在顺应时代潮流的同时，依然注重保存自身独特的文化、历史和地域风格。不断发展的物质条件和深厚的人文精神底蕴的相互推动，让这些城市既充满了活力又显得美丽动人。因此，在假日或者茶余饭后选择一个恰当的时间，漫步于那些熟悉的大街小巷，进商场、上书店、蹲小摊、观市容，便会觉得情趣盎然，既开阔眼界，又体会到了生活的温馨。逛街可以说是最便宜、最简单的修养。现代散文家郁达夫，略有空闲，便到大街上去溜达，由此才有清新、隽永的散文《履痕处处》的问世。

女人似乎天生钟爱逛街。女人在闲暇时候逛街的兴致就像男人抽烟时的感觉，惬意而满足。女人逛街通常让男人们汗颜，她们不仅仅满足于为自己大包小包地捎回东西，还几乎成了丈夫、孩子的代理人。但是，不要以为女人们逛街的兴致一定是为了解囊购物，即使两手空空打道回府也不会让她们沮丧与失落，因为女人逛街也并不在乎一定要买回什么，有时完全是出于体验一种自在的乐趣。一般来讲，女人喜欢跟着感觉走。成千上万的不同事物所组成的花花世界以及大街小巷里的各种风景，对女人而言永远充满了无穷的魅力。男人害怕陪女人上街，女人对逛街的热情往往令男人们头疼。女人逛街总是那么一往情深，时间对于她们似乎永远是那么充裕，她们从一个地方转到另一个地方，乐此不疲。但逛街并不是女人的专利，即是说男人也会逛街。在大多情况下，男人更务实，更专注于事情本身，三下五除二办完事情就想找个地方坐下来休息，比如进酒吧或茶楼。男人逛街一般不会像女人那样有一种陶醉于置身舞台的快乐，而是别具一双慧眼，以一种置身事外的旁观者身份远远地观审熙来攘往的芸芸众生和各种发生着的事情。总之，比较而言，女人逛街，入迷而沉醉，男人逛街，逍遥而清醒。

尽管不同的人对于逛街有不同的经验，但是逛街的事情只是两件，要么是为了购物，要么纯粹是无所事事的闲逛。购物，是逛街的题中之意，看到琳琅满目的各种商品，无不心生爱意。特别是在模特儿身上的每一件款式各异的时装，看上去仿佛都是为自己量身定做一般。因此，逛街购物，一旦买到心仪的东西，就会让人感到颇为满足。

但是，闲暇时的逛街购物与日常生活中的购物，还是有一些不同。日常生活中的上街购物，往往是出于一种实用的需要或者是一种心理的需要。出于实用需要的购物活动一般都很理性，上街买东西前，根据自己的实际需求列一张购物清单，然后按图索骥，对不需要的东西很少会多看一眼。所以，这种购物活动只能说是日常生活中的一个日常事件。而出于心理需求的购物活动，大多是为了一种占有的补偿、情感的发泄或欲望的虚荣。长期的努力工作终于获得加薪，或是昏天暗地里加班加点之后，包里的票子也变厚了，于是会突然产生一种强烈的购买欲望，以好好地补偿一下自己。通过购物的活动，既在物质中肯定了辛勤劳动的价值，又在物质中获得一种付出的满足感。出于发泄和虚荣心理而购物的在日常生活中也大有人在。在压力过重或心情沮丧的时候，正如有人会借着大吃大喝来获得生理的满足和心理的释放一样，有的人则是借着大买特买来化解压力，宣泄情感。这种人大多喜欢自己一个人逛街，通常会成为典型的购物狂。而爱慕虚荣的购物往往有一种自我表现的隐秘动机，为了博得炫耀中的陶醉感，只要自己喜欢即便是再贵的东西都一定要买下来。

实用购物平淡，补偿式的购物有一种肯定的意向，宣泄式的购物是一种消极的情感，虚荣式的购物是一种夸耀，尽管日常生活中四种典型的购物活动是四个不同的侧面，但是它们有一个共同的本性，即往往自觉不自觉地为购物而购物，物质本身成为日常购物活动环绕的中心。闲暇时的逛街购物则是以休闲和审美的经验为中心，或者可以说是在购物的活动中体验休闲和审美的趣味。我们生活着的人，无时不在购买生命中的那些特别的、美好的事物，诸如健康、欢乐、亲情、爱情、成功和希望，每一个人都想将最好的东西放在自己的生命里，细心地去选择属于自己的那一份人生。于是有的人急匆匆地去挑选，害怕最好的东西被他人挑走，有的人则用自己的慧眼不慌不忙地去精挑细选，他们懂得生命中一切最珍贵的东西是称心如意。健康和欢乐，亲情和爱情，成功和希望，往往也具体地渗透在休闲逛街中的购物经验里，比如陪自己的亲人和朋友购物，亲情、爱情及其美好的体验就具体地物化在精挑细选、讨价还价的每一个细小的环节里面。

在购物休闲活动中，当然还有更丰富的审美体验，比如对生活习俗和文化品位的认同，对时尚和个性化风格的自觉追求。于是乎各种专卖店、饰品店、特色店就为休闲购物提供了广阔的天地。在过去，购物讲究实用主义，偏向于商品经久耐用的质量。随着精神生活的解放和追求的自觉，现代人都希望自己与众不同，因此人们热衷于在逛街时购买那些具有个性和品位的东西。这样，各种专卖店成为备受休闲逛街群体青睐的地方，例如真维斯、奋牌、李宁、耐克等就是广为熟知的品牌专卖店。购买这些品牌的商品，并不完全是为了向他人炫耀，更多的是对一种个性、青春气息和休闲品位的追求。爱美之心，人皆有之。在原始社会，人们就已经懂得了用颜料、贝壳和兽角等来装饰自己。琳琅满目的各种装饰品，更是受到现代人的欢迎。这些装饰品一般做工精细，造型美观，风格独特，个性显明。好的装饰品，不管其质料是金属的、木质的或兽骨的，实际上就是一件成功的艺术品，因此，逛各种饰品店就成为一个艺术欣赏的过程，我们在这里可以感受到原始和现代的交相辉映，精湛的技艺与审美理念的水乳交融。一些特色店也是逛街购物的理想去处，比如谭木匠制品，以其精致的做工、细腻光滑的触感和古朴典雅的审美特色征服了众多顾客的心。游逛在这样的环境里，原始古朴的宁静气氛消融了都市生活的喧哗，我们生活上的一些烦恼在这宁静的气氛里也会得以暂时忘却。

除了购物，无所事事的闲逛更能真正体现逛街的内在精神。逛街不是游山玩水，游山玩水更多的是和自然万物相交往，所追求的是一种返璞归真、天人合一的审美境界。逛街则意味着与人文打交道，因为所谓的街即广义上的城市空间是一个完全人化了的地方，熙熙攘攘的人群就不用说了，这里的建筑、街道、广告、往来的车辆、各种店铺甚至城市的绿化等，无不是人的形象的延伸。虽然逛街不是游观山水，但是逛街和游观山水在休闲和审美上有精神的相通之处，即都是对自由自觉的感性体验的充分认同。

逛街的审美感性体验，既有对世态人情的观察，也有对市井风俗的欣赏和城市文化的体验。

入室的兰花，久了也闻不出它的香味。我们处于习惯性的生活情境中，很难对熟悉的事物有新鲜的感受。这要求逛街不仅要有一种闲适放松的心境，还要有陌生化的眼光。不妨把自己假设为一个外乡人，或是一个外国人，以陌生人的眼光打量你熟悉的城市。如果我们改变了观察和经验事物的角度，就会有不同于寻常的发现与感受。大街上人来人往，因为日日如此，年年如斯，所以看起来司空见惯，习以为常了。但是，当某一天你漫步于天桥或伫立在街头，你会突然发现，汹涌如潮的人群里每一个人都是那样与众不同。有西装笔挺的高雅人士，有气定神闲的外地游人，有步履匆匆的家庭主妇，有谈情说爱的快乐青年，有衣着寒酸的贫困市民……不同的人有不同的穿着，不同的举止，不同的神情和不同的精神风貌。你不禁会想，他们从哪里来？他们的背景会是什么？他们有什么梦想？他们快活吗？不同的人有不同的人生，当我们设身处地设想他人的生存境遇的时候，也是在理解自己的人生。他人是理解自我的一条道路，看那成功人士的步履矫健，你会感受到积极向上生活的力量；听那迎面走过的小贩们高呼小叫，你会庆幸生活中最忙碌的人还不是你自己；看那人行道上乞丐求助的眼神，在心生怜悯的同时你也会自我宽慰，生活的阳光没有将你抛弃；牵手交臂的恋人可能让你羡慕，但是你也会注意到，在旁人的眼里你同样是一道自由美丽的风景。

逛街不仅可以在观察世态人情中理解他人、理解自己，还可以深入到市井，欣赏民风民俗。如果想要在逛街中深入地理解你所居住的城市，不妨到大街后面的小巷、老街和胡同去，看看那里的杂货铺、地摊，看看普通市民的日常生活情境。这里没有大街的嘈杂、混乱，人们专注于自己的生活，充满了宁静的气氛。他们的神情和举止，总是那样从容不迫。他们有朴素的生活理想，但是他们并不追求世外桃源的生存姿态。他们也关注身边的闹市所发生着的事件、新生事物的诞生以及社会生活的变迁，他们也懂得化妆和打扮，懂得养花种草、美化生活。总之，那一片“林中空地”在物化的世界里依然坚守着自由闲适的生活基调和雅俗共赏的生活传统。

从更深的层次上讲，逛街还意味着对一个城市的文化体验。文化是物质文明和精神文明的总和，不同的城市有不同的物质基础和精神风貌。漫步在北京的大街小巷，你不仅可以亲历快捷的交通，方便、现代的各种购物广场，还可以在那些古老建筑里感受到几千年积淀下来的悠久的文化与古典和谐的审美精神。和北京古典与现代的相互交织相比，上海更显大都市的繁华和现代性，古典的欧式建筑坚实地奠定了它兼容并包的开放基调，五彩缤纷的时尚广告则绽放出引领潮流的创新精神。成都则与众不同，它是一个注重世俗生活情调的休闲之都。可以说，休闲玩乐在每个城市都是一种深入骨髓的文化，因此，各地休闲方式的差异常常令人惊讶。成都的悠闲气质，大概没有其他城市能与之相比。成都的休闲气质主要体现在其酷爱喝茶、打麻将和玩农家乐这三种悠然自得的平民生活方式中。喝茶是成都最大众化的休闲方式之一。过去的茶馆，主要是老一辈人休息的地方。那个时候，一般上茶馆就是喝茶和聊聊天，像望江公园、滨江公园、人民公园都有很多这样喝茶的地方，这里风景宜人，还是一些老年人遛鸟休息的好去处。好的茶馆里面呢，还表演川剧，川剧的票友相互聚集在一起喝茶看戏，就像我们现在一群人坐在一起边嗑瓜子花生边看春节联欢晚会一样，很是自得其乐。20 世纪 90 年代初李伯清老师在锦江剧场讲评书散打，慕名而去者很多。李伯清老师的评书散打后来还打进了中央电视台，向全国各地的观众展示了成都人的休闲趣味。年轻人喝茶风气盛行，是在 90 年代比较现代一点的茶坊开始流行以后。很多男女朋友谈恋爱，大多是以喝茶为媒介。现在喝茶，遍布成都的大街小巷、各个公园和郊外的农家乐。当然，现在喝茶和麻将已经分不开了。过去，成都玩的多是川牌，而 80 年代开始流行麻将以后，一发不可收拾，麻将很快变成家家户户、老老少少都参加的娱乐。很多茶馆见此机会，开始出租麻将，成了麻将茶馆。麻将和喝茶的联姻，极大地推进了成都人的休闲风气。前一段时间，成都市的有关领导还要求全体市民改革不思进取的麻将风，以打造成都积极进取的新风貌。但是，这很快就被市民生活的行动否决了，人们闲暇之余，照打不误。因为打麻将既有一点小钱作为物质的鼓励和刺激，又是朋友聚会、享受生活的一种方式，所以打麻将深入人心，在成都人眼里它就是物质享受和精神享受的完满结合。打完麻将要吃饭，成都人讲情谊，吃饭往往是一个人埋单了事。但是，到餐馆、酒楼里吃饭太贵，日积月累，在经济上承受不了。随着城边价廉物美的农家乐的新生，吃饭问题就很好解决了。农家乐安静，有乡村气息，于是在这里摆上桌椅，人们可以一边喝茶一边打麻将，然后吃上一餐价廉物美的乡村风味饭。农家乐整合了喝茶、打麻将和吃饭三件事情，培育了成都人的休闲气质。现在成都也加大了改革、发展的步伐，宽敞的街道和林立的大厦展现了它的蓬勃朝气。但是，那种无论男女老少、贫富贵贱的全民休闲风气依旧扎根在人们心里，散落在城市的每一个角落。所以，闲逛在人来人往的大街上，你会在人们从容不迫的步履中，风格各异的咖啡厅、小吃店里领会到成都自信、自得的休闲基调。特别是在傍晚时分，漫步在蜿蜒、美丽的府南河畔，那种宁静和悠然的文化气息，让你从心底深处感受到这座城市所特有的、温情脉脉的家园感。

在休闲时逛街，在逛街中体验休闲。闹市街头，既是整个社会的缩影，也是一部丰富多彩的人生大书。在涌动的人群里和嘈杂纷繁的市景中，我们不但可以体察时代的脉搏从而增长识见，而且可以感悟世事人生，体验城市文化。在轻松自在的购物活动中，既可以感受时尚，又可以体验对人、对己的爱意。逛街是一种感受，一种阅读，逛街让我们学会在闲情逸致中释放工作中的各种烦恼和不快，从而获得一份轻松舒适的心情。如果要寻一份惬意，寻一份理解，寻一份天、地、人浑然一体的感觉，那么不妨逛街试试。

五、友聚如节

技术的发展推动了社会的不断进步，并带来了物质生活的繁荣。款式多样的服装、丰富多彩的饮食、舒适温暖的居室、方便快捷的交通，衣、食、住、行的改善标志着人们的总体生活水平远远超越了过去。但是，物质生活的进步并不意味着生活的称心如意。生活的辩证法告诉我们，得与失常常相伴而行。现代人在享受物质生活的快乐的同时，也不得不承受日常生活所带来的生存焦虑、空虚和平淡。

可以说，焦虑、空虚和平淡构成现代人日常生活的三种典型生存情态。焦虑作为焦躁、焦急和忧虑，它是一种极端形态的压迫感。因为人们所焦虑的事物既可能是人所不能拒绝的，又可能是人所无法企及的，所以焦虑显现为一种不可琢磨和无法左右的强大的力量。在日常生活中，事物以及它所带来的感觉本身的压迫，就是充斥着忧心和烦躁的焦虑感。而那些令人焦虑的事物或者事情，往往是生活和工作中的各种各样的矛盾，比如在事业上没有找到自己真正的发展方向、生活节奏的加快造成身体的不适、工作中人际关系的不和谐等。人们内心深处渴望改善这种处境，但是又迫于种种现实条件的制约而似乎无所作为。这种无能为力造成使人既不能改变事物的现状，也不能改变自己的感觉本身。于是人不仅感受到了事物的压力，而且不得不承受焦虑这一感觉本身的压力。与焦虑相反的一种极端的日常生活感觉就是空虚。日常生活中的空虚就是人们常说的无聊。无聊并不是什么都没有，相反是什么都有，惟独没有意义。于是，人们照样与生活世界中的各种事物、事情和人物打交道，比如人们照常准时上班和按时下班、照常和熟识的人寒暄等，可就是体验不到生活的乐趣和工作的意义。乐趣和意义的缺失倒是让人体验到一种虚无的感觉，不仅事物而且人自身都仿佛飘浮在空洞的生活之上。为了克服无聊的感觉，人们追逐各种好奇，比如网络中的奇闻异事，报刊杂志的花边新闻，以求得暂时的快乐。虽然在好奇的感觉中人们获得了快感的刺激，但是这样的快感恰恰揭示了人已经丧失了赋予生活以意义的能力，因为刺激稍纵即逝，乐此不疲的追逐表明人已经自觉不自觉地把自己心灵的自由交付给了欲望之物的控制。如果说焦虑和空虚是日常生活的两种极端形态，那么平淡则是日常生活最为普遍和典型的感觉常态了。在日常生活中，人们大多感觉到一种平淡，此平淡不是焦虑对人的压迫感和空虚对人而言的意义放逐，也不是悠闲生活中的那一份存在的真实和从容，它是生活的一种自然状态。这种自然状态不是心灵的自由而是生活的混沌。在混沌的感觉中，事物或者说事情不是单一有序而是杂多交错的，人、事、物之间的关系回环往复。尽管这样的生活不啻是一堆剪不断理还乱的乱麻，但是人们并不为此而烦恼或者不安。他们既不高兴，也不沮丧，而是随遇而安。这种无悲无喜的随缘任运的生活就是典型的自然状态即平淡。

轻松，充实，休闲，健康，积极的生活和工作，应该是现代人生活形象的标志，也只有这样，才能体会工作的意义和价值，享受生活的乐趣和精神上的充实。如果说焦虑和空虚还是对意义缺失的苦闷的话，那么平淡则意味着一种麻木不仁，三者在本质上共同揭示了日常生活世界意义的丧失。生活世界意义的丧失表明了人所丧失的恰恰是对生活的爱。爱的阳光能驱散我们心中焦虑、空无和平淡的阴霾，如果我们能够不断感受生活中那些让我们感动的爱的存在，我们的心灵终究会充满阳光。当我们的心中充满爱和真诚的阳光时，我们会感受到生活的真正美好。在爱和美的感觉中，我们的内心会感受到一股巨大的力量的生长，在此涌动生长的力量的鼓舞下，我们就会努力去克服种种外在的和自身的困难，进而满怀激情地投身于我们的生活和工作。由此，生活的意义同时就会在日常的生活情态中获得新生并源源不断地涌现出来。因此，只有学会爱并接纳爱，才有可能真正感受生活的乐趣，真正获得生活的意义。

而爱作为一种情感，在日常生活中有种种不同的表现形态，在这里我们所要谈的是友爱。友爱作为朋友之间的情谊，就是我们通常所说的友情或者友谊。培根在《论友谊》中精彩地论述了友谊对于人生和社会的意义："有些人之所以宁愿孤独，是因为在没有友谊和仁爱的人群中生活，那种苦闷正犹如一句古代拉丁谚语所说的：'一座城市如同一片旷野。'人们的面目淡如一张图案，人们的语言则不过是一片噪音，使得人们宁可逃避也不愿进入了。由此可以看出，人与人的友情对人生是何等重要。得不到友谊的人将是终身可怜的孤独者。没有友情的社会则只是一片繁华的沙漠。"随着时代的发展，人们的生活方式正在不断地变革，那种鸡犬之声相闻、老死不相往来的封闭式生活方式早已被打破，人与人之间的交往和联系越来越紧密。因此，没有友谊的人生注定是孤独的人生，没有友谊的社会注定是一个孤独的社会。培根进一步说道："实际上，友谊的一大奇特作用是：如果你把快乐告诉一个朋友，你将得到两个快乐；而如果你把忧愁向一个朋友倾吐，你将被分掉一半忧愁。所以友谊对于人生，真像炼金术士所要寻找的那种'点金石'。它能使黄金加倍，又能使黑铁成金。"可见真诚的友谊既是一种忧愁的分担，又是一种快乐的共享。难怪诗人纪伯伦也说："在友谊里，不用言语，一切的思想，一切的愿望，一切的希翼，都在无声的喜乐中发生而共享了。"

孔子曾经说过鸟兽不可以同群。在严格的意义上，动物只有本能的情绪或者说情欲而没有对象化的情感，所以动物在欲望的纷争中真正显现了它利己存在的孤独意味。如果说喜欢孤独的人不是野兽，那便只能是神灵了。但彼岸的神灵世界遥不可及，这尘世是惟一的天堂，所以人也不可能是居住在彼岸世界的那个不食人间烟火的神灵存在。人的惟一的本性只能是现实的社会的人，哪怕他在形式上是独自一人的时候，他也已经是一个社会了，这是由人的自我意识同时就是对象意识这一双重结构所决定的。人能把自己当做一个对象来看待，因此他也就能把异己的他者当做一个对象来看待。人的自我意识决定了人始终处于特定的社会性关系之中，因为个体的人和他自己的那种对象性关系同时就是一种社会化的关系。人既然能把自己对象化，也就能把自己的情感对象化，所以友谊是人的社会本性的一种快乐确证，而一个没有友谊的孤独者无异于是对自身的社会本性的痛苦否定。基于同样的原因，情感的对象化反过来又意味着人能够设身处地地同情和理解他人的生存处境。凭借于同情的了解，我们以友谊的高贵名义理所当然地分担、共享着朋友的喜怒哀乐和悲欢离合。

友谊让我们的生活不孤独，友谊让我们彼此有了一种生死与共的承担，友谊对社会人生的意义非同一般。那么，这古往今来被人们不断讴歌的友谊或友爱究竟是一种什么样的爱？

我们知道，在人的生活世界中爱的最基本的表现形态是亲人之间的爱即亲情。亲情是一种以直接或者间接的共同血缘关系为基础的亲人之间的爱，因此在本质上它是一种自然之爱。这种以血缘关系为纽带的亲近性就是亲情之爱的本性。如果把爱的本性理解为亲人之爱，在逻辑上它就只能是爱亲近的人，所以亲情在本性上又是狭隘的、自私的。虽然在逻辑上亲情只是对那些与自己在血缘上亲近的人的爱，但是事实上它却又有可能把自己泛化为一种普遍性的情感，即把对亲人的爱推广到对非亲人的爱，所谓不是亲人却胜似亲人。这就是中国传统儒家孜孜以求的仁爱思想，所谓“老吾老及人之老，幼吾幼及人之幼”就是这一思想所追求的一种人生理想。如果说亲情根源于血缘，那么爱情可以说根源于“性”缘即两性的差异与吸引。爱情作为性别之爱，它是两性之间全身心的给予和相互给予。显然，一个纯粹自然的人只能被欲望所规定，只有当他（她）成为一个自主、自觉和自由的个体的时候，他（她）才有爱的能力和被爱的能力。所以爱情虽以情欲为基础但又是对情欲的升华，它是人与人之间自然的关系，同时也是人与人之间的一种自由关系。在两性自然之爱中建立起人与人之间的一种自由的精神关系，是爱情的真正标志。

友谊即友情与亲情和爱情相区分。友情既不同于以血缘为基础和纽带的亲情，也不同于在自然关系中建立起精神关系的爱情，它是人与人之间的一种纯粹的精神关系。陈望衡先生在《当代美学原理》中指出：“美的内核是无私的爱。”以纯粹的精神关系为基础的友情或者友谊，就是自由个体基于生活智慧的共同之爱的相互聚集。朋友之间之所以相互友爱，显然是因为有很多共同相爱的事物的存在，而那最值得爱的事物也许就是生活的智慧之道。孔子主张“道不同不相为谋”，荀子《大略篇》中进一步指出：“友者，所以相有也，道不同，何以相有也?”这种以爱道为尺度的友谊观，在中国古代社会有广泛的唱和者，欧阳修的《朋党论》也指出：“大凡君子与君子以同道为朋；小人与小人以同利为朋。”生活的智慧之道以一种巨大的力量，将不同的人感召起来成为朋友，所以真正的朋友就是那些聚集在一起的爱道的人。爱道与爱利的根本对立，犹如同一条河流的两岸。所以，真正的朋友不是那些酒肉朋友，酒肉朋友只是基于个人欲望的同一，于是聚集在一起相互刺激和相互满足这一欲望。爱道也是与爱义相区分的。江湖上那一套有福同享、有难同当的忠义原则看似超越了个人之间的利害关系，但在本质上它仍然是狭隘的。所谓的义气相投并不是生活世界的最高原则，而是基于欲望尺度的一种巧妙伪装，比如桃园三结义的关公，既向刘备无条件效忠，却又与曹操玩起了猫腻。在酒肉关系和江湖义气中，是没有独立的个体存在的。因为真正独立的个体是能够自由抉择的，这种自由的抉择把他从欲望、利害的关系中提升出来，他由此而能够区分哪些是真实的、有意义的和可行的，哪些是虚假的、无意义的和不可行的。只有在独立自由的个体存在的地方，才可能有友谊的诞生，因为这样的个体在理解他自身的独特性的同时能够理解他人的独特性，于是一种交流的渴望便使个体与个体之间的友爱成为可能。

我们认为一种纯粹的友谊是独立自由的个体基于生活智慧的共同之爱的相互聚集，但是友谊的聚集并不是要泯灭个体，相反它充分地尊重个体的差异。这是因为生活的智慧之爱把人们聚集起来，恰恰是在平等的对话和交流中让人们给予和相互给予。在给予和相互给予中，个体的人克服自身的有限性并促进个体精神的丰富和发展。在此意义上，演讲家西塞罗说："一个人，他的真正的朋友就是他的另一个自我。"

西方的一位哲人曾经耐人寻味地讲过，友谊不是朋友的友谊，而朋友却是友谊的朋友。其寓意大概是说只有纯粹的友谊才能带来真诚的朋友。苏格拉底也说："不要靠馈赠去获得朋友。你须贡献你诚挚的爱，学会怎样用正当的方法来赢得一个人的心。”如果友谊是基于生活智慧的共同之爱的相互聚集的话，纯粹的友谊和诚挚的爱不仅带来朋友，而且必然带来朋友之间的各种聚会。张潮在《幽梦影》中说：“上元须酌豪友；端午须酌丽友；七夕须酌韵友；中秋须酌淡友；重九须酌逸友。对渊博友，如读异书；对风雅友，如读名人诗文；对谨饬友，如读圣贤经传；对滑稽友，如阅传奇小说。”平生如果真有内涵如此丰富的朋友聚会，不啻是人生的一大享受，但这毕竟是文人雅士的一种精神上的奢望。比起这种奢望，一种虽简单、朴实却充满了欢乐的友聚对于现实生活中大多平凡的我们倒是显得更为真实。特别是在辛勤工作之后的节假日里，邀上新朋旧友，欢聚一堂，真正是让人心满意足的一大赏心乐事。因为和朋友在一起，既无陌生人之间的拘谨，也没有独处时的沉闷，更不必去承受工作时令人窒息的压抑，所以日常生活中的朋友聚会所赠与我们的就是令人心满意足的轻松和惬意。

当然，朋友聚会是少不了各种活动的，下棋打牌、唱歌跳舞等娱乐都是难得的自我放松的机会。但是，大家围坐在一起闲聊最能让人感受到友聚的感染力量。试想寒风凛冽、窗外飘雪的冬日里围着炉火聊天的情境，或者想象一下在秋高气爽、阳光明媚的某个星期天在公园里喝茶聚会的事情，还有什么比这更让人感到温暖和陶醉呢？也许我们依然清晰地记得姜育恒“一杯清茶，一句实话，胜过那穿肠烈酒”那深情的歌声。语言仿佛是一个漩涡的中心，它似乎有一种神奇的魔力并把那些隐秘的情感和智慧席卷到一个回环往复的现场，于是朋友聚会时的聊天活动便成了一种情感的交流和智慧的启迪。但是语言性的情感交流和智慧的启迪同样是基于自由独立的个体，因为谈话的双方即相互友爱的每一个人既有具体的人生遭遇，也有对社会历史人生的不同的看法。真正自由独立的个体不是抽象的而是具体的存在者，各自的人生遭遇和对人生的看法就是每一个个体的生命，它们也构成聊天的话题。在此意义上，聊天就是生命的交流和沟通。因此，我们既能为朋友爱恨分明的大胆表白而拍手称快，也能耐心地倾听朋友之间牢骚满腹的倾吐。同样，对于社会历史人生的那些精彩评论，我们会心悦诚服；而对偏激片面之词，我们也会据理力争，甚至不顾脸红脖子粗。一番倾诉，一番争论之后，彼此不免又悬崖勒马，留下几多回味，几多沉思。在回味和沉思中，我们真切地感受到情感得以陶冶和智慧得以生成。为什么会这样？由于在相互倾诉和相互争论的过程中，彼此的经验得以不断敞开，这就是解释学意义上的“经验自由地创造出对经验的开放性”，而那回味和沉思出来的正是在经验的开放中所陶冶的情感和生成的智慧。培根也有过类似的观点：“友谊不但能使人走出暴风骤雨的感情而走向阳光明媚的晴空，而且能使人摆脱黑暗混乱的胡思乱想而走入光明与理性的思考。”

对聚会而言，情感的陶冶和智慧的生成或者启迪无疑是快乐的源泉，但这究竟是一种什么样的快乐？无论是下棋打牌、唱歌跳舞还是寒暄聊天，每一个人似乎都有一种存在的经验，那就是在聚会中时间仿佛消失了它的物理刻度而变成了永恒的一瞬，以至于轮到相互告别的时候才不约而同地发现时间变得如此之快。“又是分手的时候了”，“下次再约个时间吧”，这样朴实的话仔细想来，不知浓缩了多少真挚动人的情谊。对于外在物理时间的遗忘正是完全置身于存在本身的一种节日的经验，聚会的快乐正是一种节日的欢乐。

我们知道，节日源于远古时代的祭礼。那时人还远远没有把自己与神准确地分开，因此祭祀作为一种集体性的活动，参与祭祀活动的人不但相信人是一个整体而且相信人与神可以同在。当代神学家莫尔特曼在论及安息日时曾指出，节日的本质既是人的共在又是人与上帝的共在。哲学家伽达默尔也认为节日就是共同性，节日经验就是拒绝人与人之间的隔绝状态。现代思想表明，人是在世界中而不是在世界之外或之上存在。这个世界就是已经给予我们的那个惟一的生活世界，所以人与世界的关系只能是我—你关系。哲学家马丁·布伯曾经巧妙地把人在世界上的关系分为“我—你”与“我—它”两种类型。他认为，“我—它”关系并不构成生活世界的真正关系。因为生活世界已经先行被给予且人直接就在世界中存在，所以“我—它”的世界是一个对象化了的无意义世界。与此相反，在“我—你”关系中，人与世界构成一种生成着的活的生命关系。“我”的生命是在与“你”的相遇中实现的，反之亦然。所以马丁·布伯说“凡真实的人生皆是相遇”。如果说生活世界中的人或其他的存在者既相互区分又共同生成的话，节日正是生成关系的真正建立。尼采就是借助于酒神精神的那种生命力的充溢，在《悲剧的诞生》中描绘了现代人节日经验的实质：“在酒神的魔力之下，不但人与人重新团结了，而且疏远、敌对、被奴役的大自然也重新庆祝她的浪子人类和解的节日……此刻，奴隶也是自由人。此刻，贫困、专断或‘无耻的时尚’在人与人之间树立的僵硬敌对的藩篱土崩瓦解了。此刻，在世界大同的福音中，每个人感到自己同邻人团结、和解、款洽，甚至融为一体了。”

如果节日不仅仅是某一自然时间的同一循环而是同一中的差异生成和彼此共在的话，那么朋友聚会就有一种非同寻常的意义。这种聚会如同节日，它同样是在某一特定的时间，独立自由的个体基于共同的生活智慧之爱而相互聚集，但是这一聚集不是简单地向同一复归，而是提供一个彼此沟通和对话的舞台。所以当共同的生活智慧之爱把独立自由的个体聚集起来的同时，不是停滞而是推动了生活智慧的生成。这种生成并不玄奥，只要能够体会我们之所以乐此不疲于聚会中相互之间的各种交流，就能感受它的真实存在和它那惊人的感召力量。

昔日，伯牙鼓琴，志在高山，钟子期曰：善哉，峨峨兮若泰山！志在流水，钟子期曰：善哉，洋洋兮若江河。伯牙所念，子期必得，高山流水遇知音早已成为千古美谈。美国亨·亚当斯在《论教育》中说：“一生中交一个朋友谓之足，交两个朋友谓之多，交三个朋友谓之难得。”鲁迅先生也曾说：“人生得一知己足矣，斯世当以同怀视之。”千金易得，知音难求。真诚的友谊是人生的一大财富，而朋友之间的聚会当然就值得我们珍惜。因为朋友聚会是人生的节日，而节日中的人生既是快乐的人生，也是生命涌动、情智同流的真实人生。

主要参考文献

1. 宗白华：《艺境》，北京大学出版社，1999 年。

2. 朱光潜：《朱光潜美学文集》第一卷，上海文艺出版社，1982 年。

3. 陈望衡：《当代美学原理》，人民出版社，2003 年。

4. 彭富春：《哲学美学导论》，人民出版社，2005 年。

5. 彭富春：《哲学与美学问题》，武汉大学出版社，2005 年。

6. 林语堂：《生活的艺术》，安徽文艺出版社，1988 年。

7. 徐岱:《美学新概念》，学林出版社，2001 年。

8. 皮朝纲主编，《审美与生存》，巴蜀书社，1999 年。

9. 北京大学哲学与美学教研室编，《中国美学史资料选编》（上、下），中华书局，1982 年。

后　记

休闲活动是我们日常生活中的一个重要生活事件，而真正把它当做一门学问来研究，还只是近些年来的事情。中国休闲学的创始人于光远先生曾提出，玩是人生的第一本教科书，我们要有玩的文化，要玩得有文化，要发展玩的技术，要研究玩的艺术。这是一种非常深刻的休闲观，它把休闲的活动正确地提升到了文化和艺术的高度。休闲活动之所以能够成为一种具有文化内涵的艺术活动，这是因为它本身作为一个生活事件在根本上是一种审美的活动。审美是个体的感性活动的生成，休闲恰恰意味着我们每个人在自由支配的时间里去自由地创造和雅化我们的日常生活。在此意义上，没有审美就没有真正的休闲。

这本小书的写作过程，就是我学习的过程。在此要向引用和借鉴了思想资料的师长和朋友致以由衷的感谢。特别要感谢陈望衡先生和彭富春先生，两位先生的著作和论文使我在写作和学习的过程中受益甚多。同时要感谢各位编辑老师，谢谢你们为此小书的完成所付出的辛勤劳动。

作者

2005. 12